研究方法论

——本科、硕士、博士生研究指南

杜　晖　刘科成　张真继　孙　莉　编著

電子工業出版社
Publishing House of Electronics Industry
北京 • BEIJING

内 容 简 介

本书针对本科、硕士、博士生研究需要，基于一般研究过程，对与本科、硕士、博士生研究密切相关的15个主题进行了系统阐述，包括研究的本质和特点、确定研究主题、研究范式、研究方法和技术、研究的有效性、撰写研究申请、文献综述、计划研究项目、参考文献和引用、撰写学位论文、口头表达、撰写研究报告、伦理问题、管理和执行，以及研究完成之后。本书适用面宽、实用性强，内容完整、结构合理，主要参考国外文献，理论联系实际。适合不同学科的本科、硕士、博士生阅读，为其提供直接可操作的研究指南。

图书在版编目（CIP）数据

研究方法论：本科、硕士、博士生研究指南 / 杜晖等编著. —北京：电子工业出版社，2010.4

ISBN 978-7-121-10352-0

I. 研… Ⅱ. 杜… Ⅲ. 科学方法论－高等学校－教学参考资料 Ⅳ. G304

中国版本图书馆 CIP 数据核字（2010）第 024403 号

策划编辑：郝黎明
责任编辑：陈 虹
印　　刷：北京七彩京通数码快印有限公司
装　　订：北京七彩京通数码快印有限公司
出版发行：电子工业出版社
　　　　　北京市海淀区万寿路173信箱　邮编　100036
开　　本：787×980　1/16　印张：11.75　字数：263.2千字
版　　次：2010年4月第1版
印　　次：2023年10月第16次印刷
定　　价：35.00元

凡所购买电子工业出版社图书有缺损问题，请向购买书店调换。若书店售缺，请与本社发行部联系，联系及邮购电话：（010）88254888，88258888。

质量投诉请发邮件至 zlts@phei.com.cn，盗版侵权举报请发邮件至 dbqq@phei.com.cn。

本书咨询联系方式：chitty@phei.com.cn。

序

钱学森先生的世纪之问，激起了审视我国教育制度和方法的热潮，不同学者从不同视角给出了见仁见智的解答，而与西方发达国家相比，我国高等教育培养人才的研究能力和创新能力相对薄弱，则是一个不争的事实。究其原因，与我国高等教育在过去相当长一段时间里重视对学生学科知识的传授，而一定程度上忽视对其从事研究的一般程序、方法和规范的培养不无关系，一个具体的表现就是：鲜有高校面向高年级本科生，特别是面向研究生开设“研究方法论”课程，系统指导学生科学规范地从事研究。相反，在西方发达国家，“研究方法论”则几乎是所有大学的学生都必须完成的一门必修课程。

令人欣喜的是，近年来，我国高等教育界认识到上述问题。已有高校开始开设“研究方法论”课程，并组织教师编写和翻译与课程相配套的教材，为教师讲授和学生学习研究方法论知识提供了宝贵资源。但是，现有国内教材却分别在适用面、实用性，以及内容完整性方面有待完善。针对以上问题，北京交通大学和英国雷丁大学的四位老师根据多年亲身讲授“研究方法论”课程的经验和资料积累，经两年多的艰苦努力合作编写了这本教材，旨在推动“研究方法论”课程在国内更多高校的普及和推广，同时，也为此类教材和课程的建设提供了有益的参考和借鉴。

该教材适用面宽、实用性强，内容完整、结构合理，主要参考国外文献，理论联系实际。相信在提高学生研究创新能力已经成为我国高等教育普遍共识和迫切要求的时代背景下，本教材的出版一定会对阅读和使用它的本科、硕士、博士生有所帮助。

侯光明①

2010年1月11日

① 北京理工大学党委副书记，教授、博士生导师。

前　言

着力培养学生的研究创新能力已经成为我国高等教育的普遍共识。但是，在过去相当长一段时间里，我国的高等教育却在一定程度上对其有所忽视，其中的一个具体表现是：很少有高校开设“研究方法论”课程，向学生系统讲授从事研究的一般程序、方法和规范，影响了其从事研究的效率以及取得研究成果的质量。针对这一问题，北京交通大学经济管理学院于 2005 年设立校级教改课题“经济管理研究方法论课程建设”。在时任信息管理系主任张真继教授的大力支持和帮助下，作为课题的主要参与者，杜晖博士在 2006 年首次尝试为信息管理与信息系统专业三年级本科生开设“研究方法论”课程，系统讲授从事研究的一般程序、方法和规范。课程讲授后的调查问卷显示，绝大多数学生都认为课程开设非常必要。通过课程学习，他们不仅掌握了从事研究的一般程序、方法和规范，而且通过课堂上围绕开题报告以及学术论文的报告、讨论和评述，其口头表达和批判性思维能力，以及创新意识也都得到了较大提高。在之后的学位论文研究、写作，以及答辩过程中，指导教师普遍感觉到：参加了课程学习的学生其研究能力要普遍好于往届没有参加过课程学习的学生。同时，撰写的学位论文在规范性方面的进步也显而易见。另外，指导教师可以将更多时间和精力集中在对学生的学科指导上，而不再需要花费大量时间和精力对其进行一般研究程序、方法和规范的指导。在毕业前夕，有更多学生不但高质量地完成了学位论文，而且还撰写出了具有一定学术水平的文章，发表在中文核心期刊以及 ISTP，甚至 EI 检索的国际会议论文集上。

虽然“研究方法论”课程的开设和讲授取得了上述积极效果，但是，在课程准备和讲授的整个过程中，杜晖博士却始终被缺少适用的教材所困扰。尽管当时国内已经出版了几本优秀教材，为教师讲授和学生学习研究方法论知识提供了宝贵资源。但是，这些教材却分别在适用面、实用性，以及内容完整性方面有待完善。另外，同样是由于缺少适用教材，也影响到课程在硕士和博士生层次的开设。正是由于上述原因，在完成课程第一轮讲授任务后，杜晖博士的脑海中就开始萦绕编写一本与课程相配套的适用教材的想法。恰在此时，他有幸结识了英国雷丁大学（University of Reading）信息科学研究中心主任刘科成教授。刘教授不仅曾经在英国史塔福郡大学（University of Staffordshire）和中国科学院研究生院讲授过“研究方法论”课程，同时，还正在为英国雷丁大学和北京理工大学讲授相同课程。受北京交通大学邀请，刘教授就“研究方法论”课程的内容设置和篇章结构进行了专题报告，获得了一致好评。2007 年 2 月至 2008 年 4 月间，应刘教授邀请，同时受北京交通大学委派，杜晖博士远赴英国雷丁大学信息科学研究中心从事博士后研究。在此期间，他一方面实际参加了刘教授“研究方法论”课程的学习，另一方面，开始着手根据刘教授上课使用的课件以及国外近年来研究方法论相关优秀教材和网站内容整体构思和实际编写与“研究方法论”课程相配套的教材。在教材的整体构思阶段，确定了教材编写的以下目的、原则和方法：

1. 编写目的

包括直接目的和最终目的。直接目的是为教师提供核心教学资源，帮助顺利开设“研究方法论”课程，向高年级本科生、硕士和博士研究生系统讲授从事研究的一般程序、方法和规范。最终目的则是希望通过“研究方法论”课程的开设，将指导教师从繁重的一般研究程序、方法和规范的指导中解放出来，集中精力进行学科指导，提高学生研究的效率和质量。

2. 编写原则

（1）基础性原则。选择在不同学科间共同和互通的，涉及一般研究程序、方法和规范的基础知识编入教材，以使教材可以不受学科限制，具有较宽的适用面。

（2）实用性原则。选择编入教材的内容能够为学生提供直接可操作的研究指南。

（3）完整性原则。选择编入教材的内容应尽量包括学生从事研究需要知道的所有主要方面。

（4）合理性原则。合理安排选择编入教材的内容，以使教材具有清晰、合理的篇章结构。

（5）新颖性原则。选择编入教材的内容能够反映国际上研究方法论教材建设的近期情况。

（6）实践性原则。教材不能仅是对一般研究程序、方法和规范的抽象阐述，还要与具体的研究实践相结合。

（7）立体化原则。不仅包括印刷版教材，还要包括多媒体教材和教材网站。

3. 编写方法

（1）针对基础性、实用性、完整性、合理性原则的方法。基于一般研究过程，同时结合对现有国外相关优秀教材及网站内容的分析和比较选择和安排教材内容。

（2）针对新颖性原则的方法。主要参考刘教授上课使用的课件以及国外近年来研究方法论相关优秀教材和网站的内容。

（3）针对实践性原则的方法。在正文和附录部分，给出说明一般研究程序、方法和规范的实例。在习题部分，布置根据正文叙述，结合实际研究的实践性题目。

（4）针对立体化原则的方法。基于印刷版教材，制作与之相配套的多媒体课件。在时机成熟时，开发教材网站。

根据上述教材编写的目的、原则和方法，在主要由北京交通大学经济管理学院和英国雷丁大学信息科学研究中心师生组成的编写组历时两年多的共同努力下，教材终于近期编写完成，可以付梓出版。

编写完成的教材具有以下显著特点：

1. 适用面宽、实用性强

基于一般研究过程，选择在不同学科间共同和互通的，涉及一般研究程序、方法和规范的基础知识编入教材，克服了国内现有教材分别在适用面（基础性）和实用性方面的不足，适合不同学科高年级本科生，以及硕士和博士生阅读，为其提供直接可操作的研究指南。

2．内容完整、结构合理

基于一般研究过程，同时结合对国外近年来相关优秀教材及网站内容的分析和比较，确定了教材的篇章结构，包括与学生研究密切相关的 15 个主题，依次为：研究的本质和特点、确定研究主题、研究范式、研究方法和技术、研究的有效性、撰写研究申请、文献综述、计划研究项目、参考文献和引用、撰写学位论文、口头表达、撰写研究报告、伦理问题、管理和执行，以及研究完成之后。一方面，相对国内现有教材而言，内容更加完整。另一方面，按照研究执行的一般逻辑顺序进行的内容组织也确保了教材结构的合理性。

3．主要参考国外文献

如前所述，教材的内容选择主要参考了刘教授讲授“研究方法论”课程时使用的课件，以及国外近年来研究方法论相关优秀教材和网站的内容，反映了国际上研究方法论教材建设的近期情况。

4．理论联系实际

教材不仅在正文和附录部分给出了说明一般研究程序、方法和规范的实例，而且，在除第 1 章以外的所有章的习题部分都布置有根据正文叙述，结合实际研究的实践性题目。通过上述安排，达到加深学生对一般研究程序、方法和规范理解的目的。

本教材由杜晖、刘科成、张真继、孙莉共同编著。其中，杜晖博士主要负责第 1 章至第 4 章，第 6 章至第 10 章，以及第 12 章和第 13 章的具体编写。北京交通大学经济管理学院副院长张真继教授主要负责第 11 章和第 14 章的具体编写。英国雷丁大学系统工程学院副院长孙莉副教授主要负责第 5 章和第 15 章的具体编写。刘科成教授提供了其讲授“研究方法论”课程时使用的 Powerpoint 课件以及具体编写时用到的绝大部分参考文献，并提供了全程编写指导以及对编写完成后的全文的审阅、修订和补充。另外，雷丁大学信息科学研究中心的博士生邝岚、王希、荣文戈和梁林参加了教材编写初期的资料收集和整理。北京理工大学管理与经济学院博士生崔国玺，以及北京交通大学经济管理学院信息管理系的本科生陶洁、张迎花和蒋喜趁参加了教材编写后期部分书稿的编辑和修订工作，在此，特向他们表示衷心感谢。最后，编写组还要特别感谢电子工业出版社的有关编辑，特别是郝黎明和陈虹编辑。他们为教材的顺利出版付出了辛勤劳动。

除了教材以外，编写组还特别为方便教师授课，以及学生课下的预习和复习提供了 PowerPoint 课件。教师和学生可以从华信教育资源网（www.hxedu.com.cn）下载使用。

由于编写组水平和时间有限，教材中难免存在错误和疏漏之处，敬请广大读者批评指正！

编写组

2010 年元旦

目　　录

第 1 章　绪　　论

内容提要

对于研究的概念、分类，以及过程的系统深入理解和掌握是阐述研究方法论其他方面内容的基础。因此，作为本书的绪论部分，本章首先就研究的概念、分类，以及过程进行了阐述，目的是为读者提供学习后续内容的基础。此外，由于本书针对的主要读者是以取得学位为目的的学生，因此，本章在最后一节专门安排了对于学生研究特点的总结。

本章重点

- 研究的概念
- 研究的分类
- 研究的过程
- 学生研究的特点

1.1　研究的概念

经常可以听到“研究”这个词，在听到它时，多数人都会将其与科学家在实验室所从事的科学工作联系起来，并且认为研究超出了日常生活，是极少数高素质研究人员从事的工作。然而，实际生活中的很多人或者已经在从事研究，或者可以很容易地开始研究。虽然“研究”一词被广泛应用在许多不同的场合，但是，通过对其概念及使用方式的探究，还是可以在很大程度上帮助学生提高对它的理解。

首先，研究是有关发现新知识，或者是对现有知识进行更深层次理解的活动。但是，这并不意味着研究一定需要在科学领域有重大的发现或者突破。更一般的情况是，研究是普通而不那么令人兴奋的活动。它经常是一步步地缓慢向前推进，而不是一蹴而就。研究确实能够帮助解决困扰人们多年的复杂问题，但是，更一般的情况是，研究只能帮助人们在其所研究的问题领域取得很小的进步。希望研究总是能够帮助解决遇到的所有问题的想法是不现实的。比如，虽然为了找到治疗某种疾病的方法，医学研究人员一直在不断组合采集的各种数据片段，但是，他们却始终不能确定这些数据片段确实可以帮助找到治疗这种疾病的方法。因此，不要对研究期望太多是很重要的，尤其对于那些从来没有从事过研究的人。虽然研究听起来好像非常复杂和高深，就好像是可以医治百病的灵丹妙药。但实际上，应该尽可能客观地对待研究所能够取得的结果。

其次，人们经常会把研究简单地与研究过程中的数据收集等同起来。但实际上，研究通常指的是一个包括数据收集、数据分析，以及最终得出结论的完整过程。它通常会在某个研究方向上带给人们新的观点，或者启发人们以一种全新的方式思考问题。如果人们所从事的研究是综合和深入的，那么，研究就很可能会带给人们一种理论，或者一个适用于大量特殊情况的普遍规律。比如，研究人类行为的心理学家可能会形成一种描述和解释人类特殊行为方式的理论，然后，他们又应用这种理论尝试着去解释以往被研究过的其他人类行为。

绝大多数研究都以精确的观察为基础。在想到科学家时，学生会很自然地想到实验室里认真读取仪器数据的实验人员，测量最新观测到的天体位置的天文学家，或者测量河水化学成分的环保主义者。但是，尽管上述研究都涉及数据收集，研究却并不一定都需要定量方法。在很多情况下，研究仅需要收集文字数据，比如，对特定人群行为的观察和记录。另外，谈话记录也是研究中经常使用的一种重要的数据形式。但是，无论是数值测量，还是口头或者书面记录，这些数据都是通过研究人员的感觉（包括视觉、听觉等）得到的，这种通过感觉得到的数据通常被称为“经验”数据。

如上所述，尽管通常并不认为数据收集就是研究，但是，在日常生活中，绝大多数人确实在经常性地从事各种数据收集活动。比如，为了确定当前工作开展得是否顺利，以及顾客的数量是否在减少，从事商业活动以及提供公共服务的人需要不断记录他们所拥有的顾客数量，并进一步分析这些数据是否存在波动。如果没有准确掌握销售数据和市场信息，企业就不可能拥有长期的有效管理。经常分析销售数据和市场信息，不仅可以保证生产活动的顺利进行，同时还可以帮助寻找新的发展方向。

从事教育工作的人一定对监控学生的人数非常熟悉。因为无论是学院还是大学，绝大多数的教育机构都愿意接受资助，而资助的数额通常是以教育机构所招收的学生人数为依据的。因此，教育机构通常都会认真统计它们所招收学生的数量。另外，教育机构通常还会统计以数字形式存在的退学学生人数。有的学院和大学甚至还会对学生退学的原因感兴趣，因此，它们通常还会利用向学生发调查问卷，或者与退学学生进行座谈的方式收集这方面的数据，当然，这些数据明显是口头或者书面形式的。

对于大多数人来说，收集经验数据并不是他们工作的一部分，而仅仅是一种习惯或者业余爱好。对于自己所生活地区以及家庭历史的调查就是多数人可能拥有的一种兴趣，这种兴趣需要收集大量数据，而收集这些经验数据的渠道包括旧报纸和书籍，档案馆和图书馆，以及人们的交谈等。老人们都愿意谈论自己小时侯的生活，因此，他们也是一个用于了解过去的非常重要的资源。可见，对于所生活地区的历史和社会感兴趣的人也会像专业的历史学家那样收集经验数据。

最后，有的研究很少依赖经验数据，而是更多地依赖所使用的概念和思考方式。也就是说，经验数据有时仅仅是研究的一部分。比如，为了设计帮助社会中老年人的方法，虽然社会调查人员也需要从收集老年人的数量、收入，以及住房等经验数据开始，但是，在他们将这些数据转变为可以帮助老年人的实际方法时，他们很可能需要问自己如下一些问题：

（1）这就是所需要的合适方法吗？

（2）应该具有这样的住房提供方式吗？

（3）这样的财政资助水平对人们公平吗？

对上述问题的回答需要建立在对“合适”、“应该”，以及“公平”概念的理解基础之上。众所周知，对于“合适”、“应该”，以及“公平”的理解，人们还没有达成共识。因此，解决问题的唯一办法只能是对概念进行认真思考，理解它们在特定背景下的真实含义，这一思考过程通常被称为“概念分析”。

经验研究和概念分析通常是齐头并进的。在任何研究中，首先，以对即将使用的概念的清楚思考，以及概念在特定背景下特殊含义的清楚认识为出发点是非常重要的。其次，当从研究中取得结果，并使用如“应该”这样的词来表达对研究结果的态度时，清楚地知道这些词是如何表达了学生对结果的可能观点和设想也是同样非常重要的。

1.2 研究的分类

大多数学生的研究都是在没有充分考虑研究所属类别的情况下完成的。因此，有必要在继续介绍有关研究的后续内容之前，首先对研究的分类进行说明。通常可以从研究领域，研究目的，研究方法，以及研究性质四个方面对研究进行分类，每个方面都对研究的成功管理及完成具有特殊意义。

1.2.1 按研究领域分类

按研究领域对研究进行分类是最常使用的方法，像标签一样将具有相似研究兴趣的学生区分开来。出于方便管理的目的，研究领域被划分为不同的类，其中，最顶层的两个类是自然科学和社会科学。自然科学是研究自然界中的有机物或无机物及其现象的科学，可以被进一步细分为物理学、化学、天文学、生物学，以及地球科学等。社会科学则是研究人类社会各种现象的科学，它可以被进一步细分为政治学、经济学、军事学、法学及教育学等。除涉及思想需要从一个领域向另一个领域转换的较高层次研究外，通常只有少数研究同时属于多个类。

自然科学研究倾向按照一定的信仰进行。信仰存在于统治世界的系统中，用来说明执行研究的方式。其中的一个主要信仰是因果关系。比如，实验中，当越来越重的物体被挂在弹簧末端时，弹簧就会被拉得越来越长。但是，在涉及有关人类的社会科学研究时，因果关系就不再能够容易地被展示出来。比如，询问自己为什么会在对待别人时采取一种特定的行为方式。由于存在很多影响行为的因素，因此，很难将自己的行为简单地与其中的某种因素联系起来。可见，由于人类行为事实上远比实验复杂得多，因此，将人类行为简单地理解为一个原因产生一个结果是困难的。

以“原因产生结果”的方式看待事物有时也被称为“决定论”。社会科学家并非不研究因果关系，只是研究的事物通常更加复杂，因此，需要实证方法之外的其他方法。

注重精确测量是自然科学的一个主要特征。事实上，人们经常会把实验室同仪表盘、测量仪器及电脑联系起来。如果只是简单地说，当被悬挂了更大的重量，弹簧就会被拉得更长，而不去测量它究竟被拉长了多少的话，那么，在自然科学家的眼中，这个实验看起来就非常奇怪。自然科学的所有关注点都在于精确测量并试图说明：当其他因素影响一个因素时，这个因素究竟会发生多少变化。也就是说，自然科学强调量化。

在某种程度上，量化也同样适用于社会科学。在社会科学家研究失业问题时，他们通常都想知道：在某一个特定的星期究竟有多少人失业，而不会只是想对失业人数有个大概的印象。心理学的一些分支也非常注重对人类能力的测量，比如，智商，或者如内向和外向等这样的一些品质。这时，就需要测量来赋予这些能力和品质一定的数值。另一方面，社会科学也有很多不能被量化的方面，比如，在研究人们对待某件事情的态度时，给态度赋予一定的数值就很困难。因此，除了获得属性数值之外，大多数研究也尝试着收集某些属性的口头或者书面记录。

自然科学研究不仅关注某一时段内的特定实验结果，而且也关注这些结果是否能够被应用到其他类似的情况中。比如，增加弹簧负重，使它伸长为原来的两倍。这时，物理学家可能会想进一步知道：是否所有的弹簧都会这样？接着，物理学家可能会提出弹簧伸长是否依赖某些因素，如弹簧线圈的松紧度，弹簧的制作材料，以及弹簧的原始长度等。研究术语中，这些因素通常被称为“变量”。由于它们是在不同环境下可能发生变化的弹簧的一些性质，因此，它们可能会影响弹簧的长度。

在上述的例子中，在得出任何结论之前，物理学家还需要用更多不同类型的弹簧进行不同的实验。最后，他们才可能比较有信心地预测：当重量被悬挂在其他弹簧上时，那些弹簧可能会发生怎样的变化。这种进行实验，然后将实验结果再应用到其他情况中的方法被称为“归纳”。归纳被认为是自然科学非常重要的一个方面。

但是，对于社会科学来说，由于人类之间的巨大差异，进行归纳是相对困难的。制造大量相似的弹簧是可能的，而且也可以比较确定：当它们负重时，它们都会有相同的表现。但是，人类却不相同，社会科学家不可能对人类做出与弹簧类似的假设。

在社会科学研究的很多情况下，必须满足于研究一个单独的社会状况，并且也不要求这种状况必须是典型的。有时，让学生自己决定研究能够在多大程度上应用于其他情况就足够了。所谓的“案例研究”就是这样，在案例研究中，一个特定的人或者组织将被作为一个案例来研究。在这种情况下，研究的目的是为了收集所研究案例的深度信息。但是，也有一些时候，社会科学研究也尝试使用归纳方法，如从大量潜在的研究对象或者场景中提取样本的调查研究就是一个例子。

自然科学研究总是尝试建立有助于预测未来的一般规律或理论，比如，Boyle 定律描述了一定温度下，气体体积与压强的关系。这个定律对于预测增加压强时，一定质量的气体将发生的变化是很有效的。使用它，不但可以预测出气体的体积将减小，同时，还能够预测出体积减小的数量。另外，这个定律不仅适用于一种气体，还对于所有的气体都有效，可见，这个定律是一般性的。自然科学研究的一个主要目的就是要以“定律”来解释结果。这些定律不但可以直接解释变量间的关系，并且还能够帮助做出精确的预测。

然而，大多数的自然科学家还是希望能够在定律的基础上更进一步，发展出“理论”。在某种意义上，理论比定律更普遍适用。它不仅能够预测未来事件，并且还能够被用来解释所观察到的变量间的关系。比如，Boyle 定律被包含在气体动力学理论中。气体动力学理论不但能够解释在压强变化情况下气体将发生的变化，而且还能够揭示出在温度等其他变量变化时气体的变化情况。

定律和理论的简单性，预测精确性，以及普遍适用性使它们在自然科学研究中极为重要。然而，在社会科学中，构建能够解释并且预测人类行为的定律和理论却非常困难。举个滑稽的例子：如果试图像研究温度对化学反应的影响一样研究它对人类行为的影响，那么，当天气变得越来越热时，学生会发现：有些人会变得越来越烦躁，而另外的一些人却会变得越来越平静；有些人会变得越来越活跃，而另外一些人却会变得越来越困倦。显然，很难构建解释所有这些观察结果的定律或者理论，即使用一般性的理论很难解释人类行为的多样性。

另外，自然科学是建立在“所观察事实”是可以被测量和分析的假设基础之上的。而在社会科学中，接受“社会事实”的想法相对要困难得多。比如，“失业率”这样的“社会事实”就与“化学反应率”这样的事实有很大不同。失业是一个很难精确定义的概念，因此，对它的测量也就会非常困难。比如，失业者可以包括临时工、志愿工作者或者兼职工作的人。另外，失业也可能是由多种原因造成的。比如，被解雇、被裁员或者自愿离职等。总之，失业绝不是一个可以像从化学实验中得到精确测量数据那样可以被精确测量的概念。

在精确定义可被测量的“社会事实”方面存在的困难使得接受社会科学中客观观察者的观点变得困难。更容易被接受的观点是：将学生作为事实的参与者。学生不是在客观地收集数据，而是在作为社会事件的解释者更多地参与到社会进程中。

社会科学研究的一个主要目的是揭示人类理解世界的方式。在这种情况下，不仅收集对人类行为精确观察的数据非常重要，而且探索人类建立对世界看法的方式也同样重要。由于不能深入到人类的思想中去，因此，探索人类建立对世界看法的方式并不容易。但是，学生可以拥有一些如人类使用的语言，解释世界的语气等这样的数据。另外，学生还可以考察人类间的交互行为，以及人类建立关于事件一般含义的方式。

综上所述，自然科学与社会科学主要存在着以下五个方面的区别，如表 1-1 所示。

表 1-1　自然科学与社会科学的主要区别

	自然科学	社会科学
信仰	主要信仰是因果关系	并非不研究因果关系
精确性	强调量化	有很多不能被量化的方面

续表

	自然科学	社会科学
归纳	注重归纳方法	归纳是相对困难的
普遍适用性	定律和理论	很难解释人类行为的多样性
事实	“观察事实”可以被测量和分析	接受“社会事实”相对困难

1.2.2 按研究目的分类

一项研究通常会有很多种不同的目的，其中，最主要的四种目的分别是：综述现有知识、描述一些状况或者问题、建立新事物，以及寻求解释。

综述现有研究发现是学生研究项目的常见形式，尤其是在毕业论文及本科生和研究生课程中。它能够提供很好的研究训练，并且对资源的要求也不高，通常只需要有较好的图书馆就可以了。

尽管描述性研究看起来并不比其他类型研究要求苛刻，但实际上却不是这样。由于缺少研究主题以及研究方法方面的知识，特别是当研究主题已经有一些前人工作的时候，学生第一个研究题目的目的很可能就是描述一些状况或者问题。

可以得到实际应用的研究越来越受到资助人的青睐。在物理科学以及各类工程方面，学生很可能被要求完成具体研究任务，比如，建立一种新型的光学系统等。

找出对问题的解释是所有学生的理想。只有当因果关系而不是统计关系被发现时，学生才能够做出归纳，进而形成定律或者理论。

1.2.3 按研究方法分类

另一种对研究进行分类的方法是根据研究中所采用的主要研究方法。学生研究中经常采用的研究方法包括：行为研究、案例研究、人种学研究、扎根理论，以及调查研究。

行为研究被设计用来研究变化对于现实的影响。换句话说，在行为研究中一定存在着可以引入变化的现实背景，而变化则是通过“行为”引入的，这也正是“行为研究”名称的来源。

案例研究通常是学生研究项目的基础，特别是在社会科学领域。在这类研究中，学生通常会在组织中工作一段时间，然后，纯粹基于他们在组织中的这段经历得出评价和结论。

人种学研究是一种特定情况下完全或者部分地融入所要研究的社会和文化中进行观察的方法。由于这种参与式观察的方法可以使研究人员最大限度地共享与研究对象的相同经历，因此，能够使研究人员更好地理解研究对象采取特定行为的原因。

扎根理论认为：形成理论的最合理方式就是将其“扎根”于所研究的数据，根据数据分类后得到的数据类别构建理论，因此，在很大程度上，理论是数据的一部分。另外，构建理论的过程也不需要等到所有的数据都已经被收集完成，构建理论的过程实际上是数据收集过程的一部分。最后，临时的，不断发展的理论意味着需要收集最新的数据，这些最新的数据将被用来帮助理论的修改和重构，而修改和重构后的理论又将提出对数据新的需求。

调查研究是一种适用于从不同地理位置的大量调查对象处收集数据的研究方法。由于调查对象的数目很大，因此，通过调查研究通常可以收集到大量数据。

1.2.4 按研究性质分类

最后一种对研究进行分类的方法是按照研究的性质，即：研究对知识贡献的类型。表 1-2 分别给出了 Griyer、Clark，以及英国大学基金委员会提出的按照研究性质对研究进行的分类。

表 1-2 按照研究性质对研究进行的分类

Clark	Griyer	英国大学基金委员会	层次
纯基础研究	纯理论	基础研究	一
基本目标研究	检验现有理论	战略研究	二
评价研究	描述最新研究成果	应用研究	三
应用研究	特定问题解决方案		
行为研究			

Griyer 认为：在表 1-2 中，自上而下，对知识的真正原创性贡献在逐渐减少，而成功完成的可能性则在不断增加。Clark 和 Griyer 所关注的主要是社会科学方面的研究，而英国大学基金委员会提出的定义则覆盖了研究的全部领域。

根据英国大学基金委员会的定义，可以将表 1-2 中给出的研究分为以下三个层次。

1. 基础研究（层次一）

主要关注理论研究，而不与实践相联系。研究结果通常发表在学术期刊上。

2. 战略研究（层次二）

对基础研究的综述和评价，并指出其被应用于实践的潜力。研究人员对研究结果感兴趣，同样，来自工业界、商业界，以及政府的专业人员也会对研究结果感兴趣。但是，他们更感兴趣的是将研究结果应用到其各自专业领域中的潜力。

3. 应用研究（层次三）

通常包含具体的实践目标。正如 Clark 所指出的：该层次的研究又可以被进一步细分为三个子层次。其中的评价研究与战略研究有些重叠。子层次中的应用研究是学生最有可能参与的活动，研究结果通常是为他人提供行动上的建议和参考。而子层次中的行为研究，正如其名称所暗示的，伴随着一定的变化，研究人员作为参与者而不是观察者进入到变化过程中。很明显，行为研究需要许多学生所不具备的技巧和经验。

1.3 研究的过程

对研究的深入理解来自于对研究过程的深入思考，以及真正从事一项实际研究。

尽管研究的领域、目的、方法，以及性质各不相同，但是，其过程却具有一些共性。如果学生明显偏离了系统研究方法，那么，其研究将是没有效率，甚至很可能是根本无法实现的。

一些被设计用来作为系统研究方法的基础概念模型已经被提出。Rummel 和 Bullanie 在已有研究的基础上提出了研究过程的六步骤模型，其中的六个步骤分别是：需要、问题、假设、数据收集、得出结论，以及对结论进行评价。

图 1-1 给出了与 Rummel 和 Bullanie 所提出的概念模型相类似的系统研究方法过程模型，两者之间的不同仅在于所强调的重点。在图 1-1 中，步骤 1 到步骤 4 属于计划阶段，步骤 5 到步骤 7 属于执行阶段。研究的大部分工作，特别是文献检索，都处在计划阶段，而计划阶段同时又是执行阶段的前提和基础。

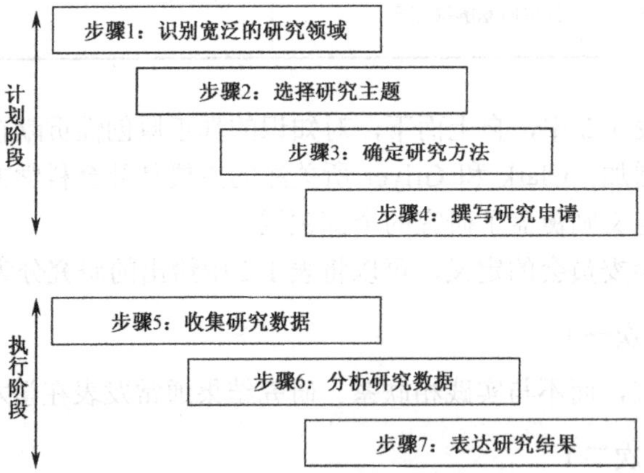

图1-1 系统研究方法过程模型

在步骤 4 完成之前，学生会经常发现：在启动步骤 5 时还需要返回到前面的某个步骤。由于大多数学生的研究都有时间限制，因此，从执行阶段返回到计划阶段很可能会损害学生对于完成研究的信心。另外，随着研究的向前推进，越是进入到后续步骤，返回前面步骤的困难就越大，相应地可能性也就越小。但是，由于研究总是涉及一些对学生来说陌生的东西，而后续得到的经验又总是能够表明研究应该在前面的步骤被更准确地定义，因此，学生也总是会发现返回到前面步骤的必要性。这里需要说明的是：尽管这样的返回可以加速后续工作，但是，它却并没有被显示在图 1-1 给出的过程模型中，因为频繁地返回到前面的步骤通常意味着计划阶段的工作很不充分。

尽管对于具有不同目标和采用不同方法的不同研究来说，系统研究方法过程模型中的每个步骤的重要性不同，但是，图 1-1 中给出的七个步骤对于所有学生来说都是必须理解的。表 1-3 显示了本书后续深入论述系统研究方法过程模型中每个步骤的章。

表 1-3 深入论述系统研究方法过程模型中每个步骤的章

	步骤一	步骤二	步骤三	步骤四	步骤五	步骤六	步骤七
第 2 章 确定研究主题	*	*					
第 3 章 研究范式			*				
第 4 章 研究方法和技术			*		*	*	
第 5 章 研究的有效性			*		*	*	
第 6 章 撰写研究申请				*			
第 7 章 文献综述				*			
第 8 章 计划研究项目				*			
第 9 章 参考文献和引用				*			*
第 10 章 撰写学位论文							*
第 11 章 口头表达							*
第 12 章 撰写研究报告							*
第 13 章 伦理问题	*	*	*	*	*	*	*
第 14 章 管理和执行	*	*	*	*	*	*	*
第 15 章 研究完成之后							*

严格按照图 1-1 给出的系统研究方法过程模型进行研究，可以极大地提高研究成功的可能性。但是，在实践中，避免跳过某个步骤，或者在当前步骤尚未完成之前就开始下一步骤是很困难的。比如，尽管对研究的主题还不是很清楚，学生很可能已经开始组织研究项目，并期望在数据收集完成之后，一个合适的主题会自动出现；又比如，学生可能只是在收集了部分计划收集的数据之后就得出结论。这里需要指出的是：按照上述方式所做研究的结果只能是，直到研究结束之前才发现最初所得出的结论是错误的。

1.4 学生研究的特点

由于本书主要针对的是学生所从事的研究项目。因此，尽管研究过程的共性是明显的，但是，也需要考虑由于学生特定工作环境所造成的约束。以下给出了可能的，对于学生研究来讲存在的主要约束。同时，它们也是学生研究的特点：

（1）研究主题很可能是被强加给学生的；

（2）成功的研究必须在确定的时间范围内完成，比如，4 周、6 个月或者 3 年；

（3）用于实验、差旅，以及邮寄等的资金很可能是有限的，或者根本就不存在；

（4）研究结果必须以特定的方式表达出来，比如，学位论文和研究报告；

（5）学生很可能不得不在一位对其所选择的研究领域不感兴趣，或者在这一领域缺乏能力的导师的指导下工作。

1.5 小结

研究是发现新知识，或者是对现有知识进行更深层次理解的活动。通常，研究需要一步步地缓慢向前推进，而不是一蹴而就。总是希望通过研究能够解决所有问题的想法是不现实的。

研究不等同于（经验）数据收集，它是一个包括数据收集、数据分析，以及得出结论的完整过程。综合和深入的研究很可能会产生理论。绝大多数研究都以精确的观察为基础。绝大多数人都在经常性地收集数据。

经验数据有时仅仅是研究的一部分。在这种情况下，研究更多地依赖于概念和思考方式。经验研究和概念分析通常是齐头并进的。

按研究领域划分，研究可以分为“自然科学”和“社会科学”。自然科学是研究自然界中的有机物或者无机物，及其现象的科学，又可以被进一步细分为物理学、化学、天文学、生物学，以及地球科学等。社会科学是研究人类社会各种现象的科学，又可以被进一步细分为政治学、经济学、军事学、法学，以及教育学等。自然科学和社会科学在“信仰”、“精确性”、“归纳”、“普遍适用性”，以及“事实”五个主要方面存在明显不同。

按研究目的划分，研究可以分为“综述现有知识的研究”、“描述性研究”、“实际应用研究”，以及“寻求解释的研究”。

按研究方法划分，研究主要分为“行为研究”、“案例研究”、“人种学研究”、“扎根理论”，以及“调查研究”。

按研究性质划分，研究可以分为“基础研究”、“战略研究”，以及“应用研究”。基础研究关注理论，而不与实践相联系。战略研究关注对基础研究的综述和评价，并指出其被应用于实践的潜力。应用研究通常包含具体的实践目标。

严格按照系统研究方法过程模型进行研究可以极大地提高研究成功的可能性。系统研究方法过程模型包括两个阶段、七个步骤。“计划阶段”包括“识别宽泛的研究领域”、“选择研究主题”、“确定研究方法”，以及“撰写研究申请”。“执行阶段”包括“收集研究数据”、“分析研究数据”，以及“表达研究结果”。本书的后续各章正是围绕着上述阶段和步骤展开的。

学生研究通常具有以下特点：主题是被强加的；必须在确定的时间范围内完成；资金有限，或者根本不存在；结果必须以特定的方式表达；不得不在不感兴趣，或者缺乏能力的导师的指导下工作。

1.6 习题

（1）如何理解研究是发现新知识，或者是对现有知识进行更深层次理解的活动？
（2）如何理解研究不等同于（经验）数据收集？
（3）如何理解经验数据有时仅仅是研究的一部分？
（4）按研究领域划分，研究包括哪两类？它们的主要区别是什么？
（5）按研究目的划分，研究包括哪四类？
（6）按研究方法划分，研究主要包括哪五类？
（7）按研究性质划分，研究包括哪三类？它们的主要特点是什么？
（8）简述系统研究方法过程模型。
（9）简述学生研究的特点。

第 2 章　确定研究主题

内容提要

只有在确定了研究主题之后，研究才算真正开始。因此，为了帮助学生在有限时间内确定合适的研究主题，本章首先介绍了确定研究主题的过程。然后，分别阐述了研究主题的十种主要来源，以及在确定研究主题过程中需要考虑的三方面因素。最后，为了使学生能够在研究的整个过程中都清楚和明确地知道学位论文的要求，本章又对学生学位论文需要满足的要求进行了总结。

本章重点

- 确定研究主题的过程
- 研究主题的来源
- 确定研究主题的考虑
- 学位论文需要满足的要求

2.1　确定研究主题的过程

只有在确定了研究主题之后，研究才算真正开始。尽管具有如此明显的标志，但是，经常还是能够看到有学生在限定的时间内仍然不能真正开始研究。虽然他们可能已经做了大量的阅读、调查和思考，但是，所有这些都不能被认为是在研究方面已经取得了明显进展。因为，研究的明显进展只能是从图 1-1 中的步骤 3“确定研究方法”开始。尽管研究计划可能会因为意外而受阻，但是，发生上述情况的可能无论如何都不应该与以合理的速度确定一个适当的研究主题混为一谈。根据经验，不能以合理的速度确定一个适当的研究主题是学生研究中普遍存在的一个问题。

采用系统研究方法可以帮助学生提高在有限时间内确定合适研究主题的可能。图 2-1 是对图 1-1 中步骤 1“识别宽泛的研究领域”以及步骤 2“选择研究主题”的进一步细化。

图 2-1 中，“识别宽泛的研究领域”对学生确定合适的导师很有帮助。通常，绝大多数导师都愿意指导与其研究兴趣和方向相关的研究。比如，倾向使用定量方法研究市场营销的导师通常都愿意指导希望研究定量广告模型，而不是消费者权益的学生。

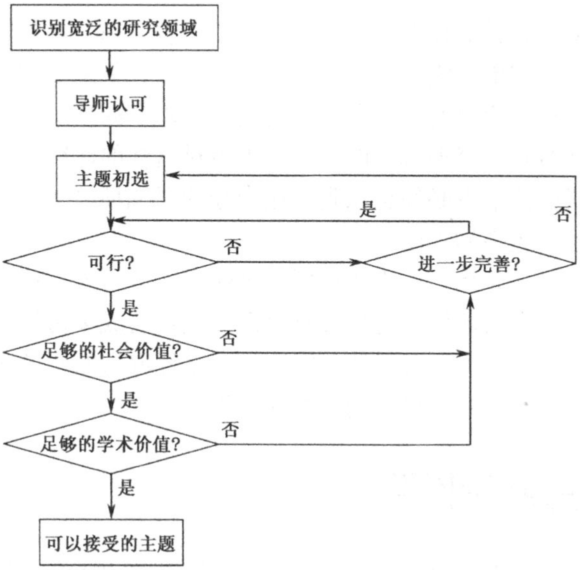

图2-1　确定研究主题的过程

在识别了宽泛的研究领域之后，就这个研究领域得到“导师认可”非常重要。因为，只有得到了认可，导师才可能利用其在学术上的专长为学生提供“做什么”、“怎么做”，以及“可能得到怎样的结果”的建议。否则，在缺少导师有益指导的情况下，学生很可能会迷失研究方向，或者不能满意地完成所确定的研究。

在“主题初选”阶段，导师可能已经为学生准备了研究主题。如果不是这样，那么，学生就必须完成以下两项任务：

（1）识别一个明显比较新颖的主题；

（2）就所识别主题的新颖性说服自己和他人。

在上述两项任务中，任务（1）意味着有一定的创新性，任务（2）则涉及将在第 7 章“文献综述”中所要阐述的内容。通常，在“主题初选”阶段，学生需要考虑多个主题，并尽可能多地识别出具有潜力的研究主题。有关“研究主题的来源”将在 2.2 节进行详细介绍。

对于初步选定的研究主题，还需要进一步考虑其可行性。对于研究主题可行性的考虑主要包括以下六个方面：

（1）数据和信息的可用性；

（2）研究计划的可操作性；

（3）完成研究的时间限制；

（4）拥有研究所需要的技能；

（5）足够的资金支持；

（6）涉及的风险。

对于以上六个方面可行性的详细说明将在第 6 章“撰写研究申请”中给出。

在确信选择的研究主题能够满足上述可行性要求之后，学生还需要考虑其是否具有足够的社会价值，没有明显社会价值的研究主题正受到越来越多的质疑。选择具有明显社会价值的主题不但可以更好地激励研究动机，而且导师也会对这样的研究更感兴趣。选择没有明显社会价值的主题进行研究的学生必须意识到：在当今的研究环境下，在对研究进行评价时，研究的社会价值将被给予更多的关注。

在对社会价值做出判断之后，还需要对所选择研究主题可能取得研究成果的“机会”进行评价。通常，对“机会”的评价都与相关研究已经取得的成果密切相关，它涉及增强、削弱，或者确认已经取得研究成果的可能性。很明显，已经取得的研究成果将影响到人们对所选择研究主题最终可能取得的研究成果创新性的认识。

2.2 研究主题的来源

日常生活和工作中存在着大量的研究主题来源，以下给出了其中最主要的十种：

（1）研究领域已有的学位论文；

（2）学术和专业期刊上的文章；

（3）会议论文集；

（4）书籍或者书评；

（5）研究领域的综述；

（6）与领域专家的交流；

（7）与研究成果潜在用户的交谈；

（8）与同事的讨论；

（9）其他媒体，包括研究门户以及研究社团的网站等；

（10）自己的工作。

上述来源中的（1）～（5）意味着需要访问高质量的图书馆。图书馆质量的优劣是根据其馆藏文献的数量以及工作人员从其他图书馆获取文献的能力进行衡量的。同样地，大学图书馆的工作人员也应该能够向学生提供访问其他更好图书馆的建议。

在所有的上述研究主题来源中，学生的学位论文通常都会包含有对进一步研究的建议。类似地，绝大多数的期刊文章也会指出未来需要做的工作，并且，如果是近期的文章（在研究工作完成后的大约一年左右时间出现），那么，这些文章就更需要引起注意。各种研究报告，特别是政府资助的研究报告，尽管经常被拖延，但是，它们也总是会包含一些可以作为研究依据的建议。由于书籍能够提供特定研究领域大量而详尽的内容，因此，在学生的研究过程中起着非常重要的作用。当然，书籍也同时存在着缺点，即：它们所提供的内容一般都没有上述来源所提供的内容新颖，并且一般也都已经被其他学生所了解。需要注意的是：来源（4）不仅包括书籍还包括书评。书评的作者通常都会给出书籍对于知识的贡献程度，从而为寻找研究主题的学生提供有益的帮助。由于提供了书评列表，因此，引文索引很值得被单独用来为学生提供帮助。有关如何获取上述相关出版物的必要步骤将在第 7 章“文献综述”中进行详细介绍。

来源（5）能够为学生提供有关已经发现，或者尚属推测、需要进一步研究的有益指导。随着研究主题的大量涌现，学术期刊发表指导学生研究方向的综述性文章似乎已经成为了一种确定的趋势。

来源（6）～来源（8）不仅需要文献检索，更需要一定的主动性。从书籍以外进行研究的观点或许会对很多希望从事学位论文研究的学生具有吸引力，但是，无论是在怎样的领域和层次，通过与他人进行讨论总能获益。主动的学生总是会对拥有相同研究兴趣的其他学生及其研究感兴趣。有时，研究思路还可以通过电话、会议或者研讨会上的简短交谈而得到检验，但是，能够提前预约则是更理想的情况，因为：只有这样，潜在的研究主题才可能会得到更加充分地讨论。

由于电子会议能够帮助那些希望将自己的研究成果展示给世界上相关领域其他研究人员的学生，因此，越来越多如互联网这样能够服务于上述目的的电子会议系统正在被不断开发出来。

虽然总是说：在研究主题被选定之前不可能确定研究的本质，但是，学生的研究领域更可能会与潜在的用户具有某种联系。因此，研究生物化学的学生很可能会与制药企业的相关研究部门取得联系，而研究工程的学生则更可能会与制造液压阀的公司进行讨论。

由于通过与其他学生就一些已经形成的想法进行非正式的讨论可以得到很多收获，因此，特别推荐学生最好能够在一个研究小组中共同开展研究工作。

作为一个潜在的主题来源，媒体也不应该被忽视。学生通常都不愿意在研究结果得到充分证实之前就将其公之于众。但是，如报纸、时尚杂志、广播及电视等这样的媒体则通常会对人们普遍感兴趣的研究进展进行跟踪报道，并且，这些媒体上的报道还很可能会比学术期刊上的报道提前很多，因此，特别是研究社会科学的学生还可以借助上述的媒体报道来确定自己的研究主题。

2.3　确定研究主题的考虑

除了以上已经提到的方面，在确定研究主题时还需要特别考虑研究主题的价值、学生自己，以及研究过程中可能获得的指导。

2.3.1　考虑价值

需要考虑的价值包括学术和应用价值，以及文献价值两个方面。

1. 学术和应用价值

在确定研究主题时总是存在着学术上和应用上的价值平衡。一篇合格的学位论文必须包括足够的学术贡献，而这种学术贡献又是通过解决实际问题，并通过向现有知识中增加价值来体现的。同时，学生也需要考虑其所进行的研究是否能够被应用在实践中。在确定研究主题时，学生并不总是能够清楚地预见其结果是否能够被应用于实践。但是，在整个研究过程中，这个问题都应该被始终牢记。

2. 文献价值

在确定研究主题时，学生还应该考虑到：其所确定的研究主题不仅应该在今天有用，而且即使是在毕业后的至少三年，甚至更长时间内依然有用。因此，确定将一种流行技术（比如，编程语言 C++）作为研究主题就不是一个好主意，因为这种技术很快就会过时。

2.3.2 考虑自己

由于最终确定的研究主题将花费学生很长的一段时间（六个月甚至更多）和精力，因此，始终被确定的主题所吸引，并且始终保持对它的兴趣就显得尤为重要。另外，对于每个学生来说，要想从研究中获得最大限度的个人发展最终也得依靠自己。在确定研究主题时，广泛的兴趣、以往的工作经验，以及对未来职业的规划都非常重要。所以，一个与学生职业目标密切相关的研究主题一定会比没有明显联系的研究主题要好，比如，曾经从事过卫生服务管理的学生确定研究医院管理信息系统，曾经在以往的学习中培养过对组织分析特殊兴趣的学生以此为基础研究信息系统实现方面的问题，而计划在未来成为咨询师的学生则应该被建议去熟悉与咨询密切相关的领域的最新发展，而不是与其毫无联系的主题。

2.3.3 考虑指导

毫无疑问，任何一个在国民教育体系中学习的学生都应该在做学位论文时得到导师的指导。对于这些学生来说，如果花费了半年至 3 年的所有时间从事研究，但是，却没有得到任何有价值的研究结果，那么，研究的机会成本就实在是太高了。在这方面，获得导师正确指导是非常重要的。如果学生不能够从预期的导师那里获得有关如下问题的答案，那么，这就将成为其研究失败的第一个征兆：

（1）其学生成功完成研究的以往记录怎样？

（2）其指导学生进行研究的观点，特别是对导师在其中的作用的认识是什么？

（3）其在自己的研究领域内声誉如何？

（4）其除了在研究领域内知识渊博以外，在研究方法论方面是否也具有很强的能力？

（5）其能够提供多大程度上的指导？

由于每个学生对于研究的不确定性都会有不同的反应，因此，学生应该将其决策部分地建立在反应最好的关系基础上。也就是说，对于那些具有较强创新能力，同时又具有更强独立性的学生，应该把重点放在第（3）个问题上，而对于那些更注重清楚指导的学生则应该把重点放在第（2）和第（4）个问题上。

以上提到的第（5）个问题不仅与是否有足够数量的导师有关，更与学生是否可以接近这些导师有关。学生经常能够见到导师当然最好，但是，如果学生不信任他们的导师，或者不能够经常与导师在一起，那么，对于学生来说就是在浪费时间。

导师对于学生的指导可以有不同的形式和力度，这里需要强调的是：学生最需要的是导师的可用性和可接近性，以及他们的专业程度，包括专业特长和指导的技巧。

2.4　学位论文需要满足的要求

对学生来讲，确保成功拿到学位的最好办法就是将学位论文看成是一项与以往参与的所有其他项目一样的项目。与其他任何项目一样，学生研究最后所撰写的学位论文必须满足一定的要求。只要可能，在研究的整个过程中，学生都应该清楚和明确地知道这些要求。

2.4.1　研究目标

研究目标，同时也是对学生研究工作质量的最终评价是：研究是否为现有的知识体系带来了学术贡献，或者至少能够说服其他以及后续的学生，此前所进行的研究是值得的。自始至终，学生都不应该迷失研究的目标，其所撰写的任何东西也都应该服从和服务于这个目标。

2.4.2　合理使用参考文献

在学位论文的所有部分，当前研究都应该与现有文献形成统一的整体。另外，学位论文中还应该特别安排一章用以说明现有的知识，以及其他人的工作。

为了能够从参考文献中获得最佳效果，学生应该主动地在特定问题上寻找相互矛盾的观点。为了能够做到在特定领域中加入新知识，学生就必须学会能够使用批判的眼光对其他人的观点进行评价和综合。从已有的研究来看，这实际上也是满足研究目标的基础。

2.4.3　研究方法

由于所采用的研究方法决定了开展研究以及撰写学位论文的具体方式，因此，对其的选择必须是合理的。学生不仅应该能够从各种不同的研究方法中进行选择，而且，还应该能够说明选择特定研究方法的原因。不仅仅是因为学位论文评阅人可能会提出同样的问题，学生还必须能够回答：“通过采用特定研究方法所得出的结论可能存在的问题是什么？”。

2.4.4 研究结果的表达

数据收集阶段的完成标志着学生已经拥有了大量和真实的数据及信息。这些数据和信息将成为分析阶段的基础。但是，要以与学位论文一致的形式排列和呈现出分析的结果却还需要一定的技巧。

很显然，要求学位论文中包括如仪器读数或者问卷答复这样的第一手数据是不现实的。但是，有一点必须清楚，即：评阅人很可能坚持，而其他学生也很可能要求能够访问所有已经收集到的数据。如果遇到这种情况，那么，仅在学位论文的附录中给出简单的数据就会引起争议。但是，另一方面，在学位论文的附录中给出简短的数据确实又是处理和呈现数据的一种惯例，而对这些简短数据的解释则通常会出现在学位论文的文字说明中。另外，图形、表格，以及数学公式或者统计分析的结果也都可以被用来达到预期的解释效果。

2.4.5 结果分析

尽管分析阶段从对第一手数据的处理就已经开始了，但是，研究的价值却仍然要依赖于能够引出结论和建议的解释。学生所面临的问题只有一个结论是很值得庆幸的，但是，这种情况却很少发生。更一般的情况是：对于同一个问题经常会得出很多种可能的结论。

在很大程度上，学生的研究能力决定着他们能够从数据中得出的结论。不同的学生很可能得出完全不同的结论。如果有证据表明：学生采用了一种思路非常狭隘的方法，并且没有综述和探索采用其他方法的可能性，那么，其采用这种方法所写出的学位论文的质量就会大打折扣。

评价分析的局限性总是明智的。在较高的研究层次上，分析的局限性可能来自问卷的反馈率太低。而在较低的研究层次上，分析的局限性则可能是由于学生认为：通过采用简单而不是更加先进的分析技术就能够达到研究目标。总之，学生永远都不应该在没有确信所追求的研究目标已经得到全部满足之前离开结果分析阶段。

2.4.6 结论和建议

学位论文以学生得出结论而宣告结束。结论应该以清楚和突出的方式进行表达，同时，还应该将其与研究开始时所确定的目标相联系。另外，学生还有责任指出进一步的研究方向，以为后续进行研究的学生提供参考。

根据表 1-2 给出的“研究层次”，对于处在层次三中的研究，比如“应用研究”和“行为研究”，在给出结论之后，学生还应该给出相应的应用建议。

2.5 小结

只有在确定了研究主题之后，研究才能够算做真正开始。然而，不能以合理的速度确定研究主题却是学生研究普遍存在的问题。系统研究方法可以帮助学生提高在有限时间内确定适当研究主题的可能。根据系统研究方法提出的确定研究主题的过程包括“识别宽泛的研究领域”、“导师认可”、“主题初选”、“是否可行”、“是否有足够的社会价值”，以及“是否有足够的学术价值”六个主要步骤。其中，“识别宽泛的研究领域”可以帮助确定导师；研究领域得到“导师认可”非常重要；“主题初选”阶段识别的主题要新颖；主题一定要可行，包括：数据和信息的可用性、研究计划的可操作性、完成研究的时间限制、拥有研究所需要的技能、足够的资金支持，以及涉及的风险六个方面；最后，应更多关注社会价值；还应该评价可能取得研究成果的“机会”。

日常生活和工作中存在着大量的研究主题来源，其中最主要的有十种，分别是：（1）研究领域的学位论文，（2）学术和专业期刊上的文章，（3）会议论文集，（4）书籍或者书评，（5）研究领域综述，（6）与研究成果潜在用户的交谈，（7）与同事的讨论，（8）其他媒体（包括研究门户以及研究社团的网站等），以及自己的工作。上述来源中的（1）至（5）意味着需要访问高质量的图书馆；书评通常会指出书籍对于知识的贡献程度；来源（5）能够提供已经发现，或者尚属推测、需要进一步研究的指导；来源（6）～（8）更需要主动性；最后，媒体也不应该被忽视。

在确定研究主题时还需要特别考虑研究主题的价值、学生自己，以及研究过程中可能获得的指导。研究主题的价值包括学术和应用价值，以及文献价值。任何一个研究主题总是存在着学术上和应用上的价值平衡，它不仅应该在今天有用，而且在毕业后的至少三年，甚至更长时间内也依然有用。考虑自己包括：广泛的兴趣、以往的工作经验，以及未来的职业规划。指导主要来自导师，需要考虑的方面包括：成功完成研究的往届学生记录、指导学生进行研究的观点、在研究领域内的声誉、在研究方法论方面的能力，以及能够提供指导的程度。

学生研究最后所撰写的学位论文必须满足一定的要求。只要可能，在研究的整个过程中，学生都应该清楚和明确地知道这些要求，包括：研究目标是为现有知识体系带来学术贡献；合理使用参考文献，使当前研究与现有文献形成统一整体，并特别安排一章说明现有知识以及其他人的工作；由于所采用的研究方法决定了开展研究以及撰写学位论文的具体方式，因此，对其的选择必须是合理的；表达研究结果需要一定的技巧，包括使用图形、表格，以及数学公式等；在结果分析方面，研究的价值依赖于对引出结论的解释，研究能力将决定从数据得出的结论，评价分析的局限性总是明智的。最后，在结论和建议方面，应以清楚和突出的方式表达结论，应将结论与研究目标相联系，另外，还应该指出进一步研究的方向。

2.6 习题

（1）简述确定研究主题的过程。
（2）简述研究主题的十种主要来源。
（3）简述确定研究主题时需要考虑的因素。
（4）简述学位论文需要满足的要求。
（5）根据本章叙述，为自己确定一个研究主题。

第3章　研究范式

内容提要

研究范式是对存在论和认识论的理解和认识，是确定研究问题特点及其研究方法的基础，同时存在于研究所采用的具体方法之中，因此，本章首先对存在论和认识论进行了阐述。然后，分别介绍了三种主要的研究范式：实证主义、解释主义，以及批判主义。最后，阐述了研究范式、方法和技术之间的关系。

本章重点

- 存在论和认识论
- 研究范式
- 研究范式、方法和技术的关系

3.1　存在论和认识论

存在论（Ontology）是所有研究的起点。先有存在论，然后出现了认识论（Epistemology）和方法论（Methodology）。对于存在论，Blaikie 给出了如下的定义："存在论是有关世界本质、存在和组成，以及组成成分之间相互关系的假设"。简言之，存在论就是人们关于世界组成的假设。

每个人都有自己关于世界是由什么组成的，以及其中最重要的组成成份是什么的观点。然而，只有在对确实存在着不同的存在论观点，以及这些观点将导致不同的研究方法具有清楚的理解和认识之后，人们才可能真正开始从事相同的研究。正如 Mason 所指出的："勉强解决问题通常都是由于对不同存在论观点理解的模糊、不准确，以及错误造成的。"

学术界存在着两种截然相反的存在论观点：基础主义（Basicalism）的观点和反基础主义（Anti-Basicalism）的观点。持有基础主义观点的人（基础主义者）认为：真正的知识必须存在于一组固定的、毫无疑问的，以及清楚明白的真理之中，人们的信仰可以从这组真理中逻辑地推演出来。世界独立地存在于人们关于它的知识之中是基础主义者的核心观点，这也是将在后面介绍的实证主义（Positivism）的研究出发点。作为对立面，持有反基础主义观点的人（反基础主义者）则不认为世界独立存在于人们关于它的知识之中，他们认为：现实是由作为参与者的人类社会地，离散地构建的。

术语“客观主义（Objectivism）”和“构成主义（Constructivism）”是对上述两种不同存在论的不同称呼。一般来说，客观主义的存在论观点认为：社会现象及其含义独立于社会参与者。而构成主义的存在论观点则认为：社会现象及其含义始终伴随着社会参与者。这也就意味着：社会现象不仅是通过社会参与者的交互产生的，同时，它们还处在不断的完善过程中。从上述两种不同的存在论观点中可以清楚地看到：不同的存在论观点势必会影响学生可能采取的研究方法。同时，持有相同存在论观点的学生势必会从相同的世界观出发开展研究，并且使用相似的术语捕捉和描述现实世界。

如果说存在论是关于人类对于世界的认识，那么，认识论就是关于人类认识世界的方式。认识论是一个涉及知识理论，特别是方法、验证，以及获取知识可能方式的重要哲学分支。简言之，就是假设存在的事物如何才能够被人类所认知。认识论侧重知识的发现过程，同时关注知识发现过程中所使用的研究方法，以及用于描述和解释指导发现的理论框架的合理性。比如，产生于西方资本主义社会的市场经济理论能够被用来正确地解释当今社会主义国家的经济现象吗？

两种被包含在研究范式（Research Paradigms）中的、对立的认识论观点分别是实证主义和解释主义（Interpretivism），对它们的详细解释将在 3.2 节中给出。这里需要说明的是：学生对于两种不同认识论的选择将导致其选择不同的研究方法。同样地，学生所持有的不同认识论也将导致其对相同社会现象持有不同的观点。

3.2 研究范式

研究范式是对存在论和认识论的理解和认识，它与生俱来地存在于研究所采用的每一种具体方法之中。Orlikowski 和 Baroudi 认为：存在着三种主要的研究范式，分别是：实证主义、解释主义，以及批判主义（Criticism）。

为什么在研究中理解研究范式非常重要呢？Clough 和 Nutbrown 认为：研究范式，也称为“元理论”，是确定研究问题特点及其研究方法的基础。“元理论”是所有研究计划的核心，并且不应该被随意引入，否则，以非系统及不一致的方式所进行的研究就会存在很大风险。换句话说，存在论和认识论应该始终与实际研究过程保持清晰的联系，即：研究的出发点势必影响之后的整个研究过程。综上所述，有必要对上述提到的三种研究范式分别进行概要介绍。

3.2.1 实证主义

实证主义被认为是在过去几个世纪里最重要的一种研究范式。也正因为如此，近期出现的研究范式都试图以其为参照将自己与之明确区分开来，同时，也导致了大量介绍实证主义的文献出现。

作为一种存在论和认识论的实证主义是一个内涵广泛的术语，在这个术语下，存在着多种不同的研究方法。实证主义的历史渊源最早可以追溯到 Aristotle，之后又以各种不同的方式不断发展进化，对其发展做出重要贡献的学者主要包括 Bacon 和 Descartes 等。他们在寻求揭示自然科学和社会科学统一研究方法的过程中将自然科学作为社会科学的典范。

与实证主义相关的其他重要术语包括：经验主义（Empiricism）、客观主义、科学方法（Scientific Methods），以及自然主义（Naturalism）等。虽然这些术语在存在论观点以及学科观点之间存在差异，但是，它们都拥有以下的共同原则：

（1）实证主义建立在将世界看做是独立于人类关于其知识的基础主义存在论基础上；

（2）实证主义者认为：与自然界一样，在人类社会中也存在着模式和规律、原因和结果。实证主义者相信做出因果陈述的可能性；

（3）绝大多数实证主义者在分析人类社会时也采用科学方法；

（4）研究方法及其使用者是中立的，不会对已经存在的事物造成影响；

（5）在研究人类社会时，实证主义者特别强调解释而不是理解。并且，绝大多数的实证主义者都认为：解释的真正目的是为了预测；

（6）实证主义者强调经验性实践中的观察和验证，即：事实可以通过人类的感知而获得。同时，实证主义者需要清楚地区分“事实”和“价值”，并且更倾向于强调事实而不是价值；

（7）实证主义者对形而上学比较反感，在他们看来，正统的哲学研究中根本就没有形而上学的合适位置；

（8）在研究中，实证主义者追求客观性；

（9）实证主义者相信：通过运用理论产生的，并且可以在日后的直接观察中得到验证的假设，能够建立起人类社会现象之间规律性的关系。

绝大多数的实证主义者认为：在所看到的现象（表面）与真实事物（本质）之间不存在二分法，并且，世界是真实的，既不会被人类的感觉所解释，也不会被社会地构建。更进一步地，因果陈述中所表达的信仰被实证主义者与解释主义者所共有。在知识的产生过程中，实证主义者更强调经验理论而拒绝价值和信任等问题，并且认为：社会科学可以是与价值无关的，比如，在研究社会问题时，研究人员可以保持价值中立。

对于绝大多数的学生来说，自然科学所承诺的精确、严格，以及具有预测能力的优点是容易被理解的。相反，社会科学则可能是凌乱的和不可预见的，并且，导致事件的因素也很难被揭示，实证主义者则试图通过寻求提供人类社会被理解的规则和规律来克服这种凌乱。

3.2.2　解释主义

解释主义也是一个覆盖范围很广的术语，它涵盖了数量上同实证主义一样多的研究方法。在这个术语下包含了许多不同的立场，比如，相对主义（Relativism）、理解（Understanding）、现象学（Phenomenology）、解释学（Hermeneutics）、理想主义（Idealism）、符号学（Semiotics），以及构成主义等。对解释主义发展做出重要贡献的学者主要包括 Kant、Hegel、Weber、Herbert、Ervin，以及最近的 Barney 和 Strauss 等。

解释主义的核心假设包括：

（1）与实证主义相比，解释主义基于反基础主义存在论。它认为：世界不是独立于人类对于世界的知识而存在的；

（2）世界是通过人类之间的交互，社会地构建而成的。“事实”和“价值”之间的界限并不像实证主义所认为的那样轮廓分明；

（3）解释主义的重点在于理解而不是解释。因此，解释主义者不相信可以仅仅依靠观察来解释社会现象，也不企图在社会科学中建立因果解释；

（4）与实证主义相比，解释主义将自然科学和社会科学看做是两种截然不同的科学。因此，应该采用与研究自然科学方法不同的方法来研究社会科学；

（5）社会现象不可能独立存在于人类对它的理解中，并且，正是这些理解影响了结果。因此，研究人员将不可避免地成为其所研究社会现象的一部分，比如，他们不可能与其正在研究的对象相分离；

（6）解释主义者认为：客观性（或者是与价值无关）的分析是不存在的，因为，知识在理论上是分别获得的，研究人员需要的是其所有个人的和主观的观点、态度，以及价值的总和；

（7）最后，在研究社会现象时，解释主义者倾向强调赋予世界的含义，以及语言在构建“现实”中的作用。

3.2.3 批判主义

从 20 世纪 70 年代开始，一种既区别于寻找普遍规律的实证主义，又区别于侧重含义理解的解释主义的研究范式越来越显得重要。简言之，批判主义开始尝试将与解释主义相联系的理解（如何）以及与实证主义相联系的解释（为什么）结合起来。

与之前介绍实证主义和解释主义一样，以下也简要地给出了批判主义的一些显著特点：

（1）批判主义处在实证主义和解释主义之间，既具有与实证主义相同的基础主义存在论，同时，又尝试研究中的理解；

（2）批判主义者认为：在因果解释这个问题上，尽管社会科学可以应用自然科学中的相同方法，但是，也需要使用理解以摆脱纯粹的自然科学方法；

（3）与实证主义者不同，批判主义者通常不仅试图解释，同时也试图理解人类社会；

（4）批判主义者认为：人类社会既是历史形成的，同时也是由人类创造的。尽管人类可以有意识地改变其所在的社会和经济环境，但是，人类做出上述改变的能力同时又受到各种社会、文化，以及政治因素的制约；

（5）批判主义者的主要任务就是进行批判。将注意力集中在当前社会存在的各种矛盾和冲突上，并找出改变现状的制约和转换条件；

（6）批判主义者认为：只有在与历史形成的社会现实相联系时，人类的价值中介作用才能够得到体现。也就是说，社会现实势必影响参与者，同时，也势必会受到参与者的影响；

（7）最后，与解释主义者相比，批判主义者也能够做出因果陈述，识别因果机制。但是，批判主义者的因果观念与实证主义者的因果观念存在不同。批判主义者在因果关系方面的信仰没有实证主义者那样清晰，原因并不能够简单地决定结果。解释主要依赖于对因果机制及其发生作用的识别，以及发现这些机制是否已经被触发，以及在什么样的条件下会被触发。批判主义者倾向在直接原因（参与者）与物质原因（社会现实）之间做出区分，这意味着两种原因同时表现出因果关系力量：直接原因启动行为，物质原因限制或者促进已经启动的行为。

3.3　研究范式、方法和技术的关系

作为哲学假设，研究范式对后续研究方法的选择具有指导作用。一种研究方法是一种研究战略，它将研究所基于的哲学假设与具体的数据收集技术和数据分析技术联系起来。

可以从不同角度对研究方法进行分类。其中，被广泛接受的一种分类方法是将研究方法分为定量研究方法（Qualitative Research Methods）和定性研究方法（Quantitative Research Methods）。定量研究方法起源于自然科学，早期被用于研究自然现象，主要的研究方法包括：调查研究（Survey Research）、实验研究（Experimental Research），以及数学建模（Mathematical Modeling）等。定性研究方法起源于社会科学，被用于研究社会和文化现象，主要的研究方法包括：行为研究（Action Research）、案例研究（Case Study）、人种学研究（Ethnographic），以及扎根理论（Grounded Theory）等。

图 3-1 显示了研究范式对于选择上述研究方法的具体指导作用。有关上述具体研究方法的概要介绍将在第 4 章中给出。

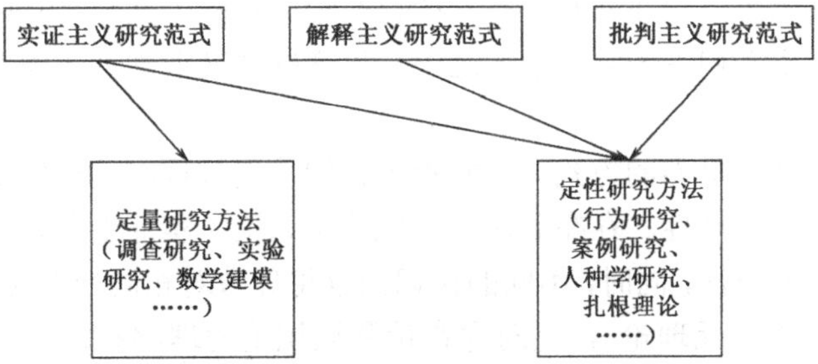

图3-1　研究范式对于选择研究方法的具体指导作用

从图 3-1 中可以看到：对于基于实证主义研究范式的研究，既可以选择使用定量研究方

法，也可以选择使用定性研究方法。但是，对于基于解释主义研究范式或者批判主义研究范式的研究，则只能选择使用定性研究方法。

在撰写研究申请时，除了需要明确研究计划使用的具体研究方法之外，还需要进一步确定执行研究方法所需要使用的数据收集技术和数据分析技术。但是，选定的研究方法并不能够直接决定使用的数据收集技术和数据分析技术，因为它们之间也是指导关系而不是决定关系。一种研究方法的成功实施可能需要同时使用多种数据收集技术和数据分析技术。在定量研究方法中，主要的数据收集技术包括客观测量（Objective Measures）和问卷（Questionnaire）。在定性研究方法中，主要的数据收集技术包括面谈（Interview）、观察（Observation），以及文献研究（Document Research）。在定量研究方法中，主要的数据分析技术包括数据预编码（Pre-coded）和描述统计（Descriptive Statistics）。在定性研究方法中，主要的数据分析技术（分析模式）包括分类（Classify）、解释学（Hermeneutics）、符号学（Semiotics），以及叙述和隐喻（Narrative and Metaphor）。表 3-1 对上述定量研究方法和定性研究方法中包括的主要数据收集技术和数据分析技术进行了总结。有关上述具体数据收集技术和数据分析技术的概要介绍也将在第 4 章中给出。

表 3-1 研究方法中包括的主要数据收集技术和数据分析技术

研究方法	主要技术	
	数据收集技术	数据分析技术
定量研究方法	客观测量和问卷	数据预编码和描述统计
定性研究方法	面谈、观察，以及文献研究	分类、解释学、符号学，以及叙述和隐喻

3.4 小结

存在论是人们关于世界组成的假设。先有存在论，然后出现了认识论和方法论。因此，存在论是所有研究的起点。存在着两种对立的存在论：基础主义和反基础主义。基础主义者认为：世界独立存在于人们关于它的知识之中。反基础主义者则不认为世界独立存在于人们关于它的知识之中。

认识论是指人类认识世界的方式。它侧重知识的发现过程，关注使用的研究方法，以及描述和解释理论框架的合理性。存在着两种对立的认识论：实证主义和解释主义。不同的认识论将导致不同的研究方法，同时，不同的认识论也将导致对相同社会现象持有不同的观点。

研究范式也被称为“元理论”，是对存在论和认识论的理解和认识，是确定研究问题特点及其研究方法的基础，存在于研究所采用的具体方法之中。存在着三种主要的研究范式：实证主义、解释主义，以及批判主义。

实证主义是过去几个世纪里最重要的一种研究范式，最早可以追溯到 Aristotle，对其发展做出重要贡献的学者包括 Bacon 和 Descartes。实证主义将自然科学作为社会科学的典范。与实证主义相关的其他重要术语包括：经验主义、客观主义、科学方法，以及自然主义等。尽管术语存在差异，但是它们却存在着共同的原则：建立在基础主义存在论基础上；相信做出因果陈述的可能性；分析人类社会时采用科学方法；研究方法及其使用者不会对存在的事物造成影响；强调解释而不是理解，目的是预测；强调实践中的观察和验证，强调事实而不是价值；对形而上学比较反感；追求客观性；经验理论能够建立起社会现象间规律性的关系。

解释主义包含了许多不同的立场，比如，相对主义、理解、现象学、解释学、理想主义、符号学，以及构成主义等。对解释主义的发展做出重要贡献的学者包括 Kant、Hegel、Weber、Herbert、Ervin，以及 Barney 和 Strauss。解释主义的核心假设包括：基于反基础主义存在论；世界是通过人类交互，社会地构建而成的；重点在于理解而不是解释；采用与研究自然科学不同的方法研究社会科学；社会现象不可能独立存在于人类对它的理解中；客观性的分析是不存在的；强调赋予世界的含义，以及语言在构建"现实"中的作用。

批判主义起源于 20 世纪 70 年代，它将实证主义（为什么）与解释主义（如何）结合起来。批判主义的显著特点包括：处在实证主义和解释主义之间；社会科学需要使用理解摆脱纯粹的自然科学方法；不仅试图解释，同时也试图理解人类社会；人类社会既是历史形成的，也是人类创造的；主要任务是找出改变现状的制约和转换条件；社会现实既会影响参与者，也会受到参与者影响；直接原因启动行为，物质原因限制或者促进行为。

研究范式对选择研究方法有指导作用，研究方法将研究范式与数据收集和分析技术联系起来。学术界存在着两种研究方法：定量研究方法和定性研究方法。其中，定量研究方法起源于自然科学，早期被用于研究自然现象，包括调查研究、实验研究以及数学建模等。定性研究方法起源于社会科学，被用于研究社会和文化现象，包括行为研究、案例研究、人种学研究，以及扎根理论等。对于基于实证主义研究范式的研究，既可以选择使用定量研究方法，也可以选择使用定性研究方法。但是，对基于解释主义的研究范式或者批判主义的研究范式的研究，则只能选择使用定性研究方法。

研究方法与数据收集和分析技术之间是指导而不是决定的关系，一种研究方法的成功实施可能需要同时使用多种数据收集和分析技术。在定量研究方法中，主要的数据收集技术包括客观测量和问卷。在定性研究方法中，主要的数据收集技术包括面谈、观察，以及文献研究。在定量研究方法中，主要的数据分析技术包括数据预编码和描述统计。在定性研究方法中，主要的数据分析技术（分析模式）包括分类、解释学、符号学，以及叙述和隐喻。

3.5　习题

（1）什么是存在论？存在哪两种主要的存在论。

（2）什么是认识论？存在哪两种主要的认识论？

（3）什么是研究范式？存在哪三种主要的研究范式？

（4）简述实证主义研究范式。

（5）简述解释主义研究范式。

（6）简述批判主义研究范式。

（7）简述研究范式与研究方法之间的关系。

（8）简述研究方法与数据收集和分析技术之间的关系。

（9）根据本章的叙述，为自己确定的研究主题选择研究范式。

第 4 章　研究方法和技术

内容提要

根据第 3 章对研究方法的分类，本章首先对分类中的几种主要研究方法进行了概述。定性研究方法包括行为研究、案例研究、人种学研究，以及扎根理论；定量研究方法是调查研究。然后，根据第 3 章给出的数据收集技术和数据分析技术的分类，分别对定性研究方法和定量研究方法中的几种主要研究技术进行了概述。其中，定性研究方法数据收集技术包括面谈、观察，以及文献研究。定量研究方法数据收集技术包括客观测量和问卷。定性研究方法数据分析技术包括分类、解释学、符号学，以及叙述和隐喻。定量研究方法数据分析技术包括数据预编码和描述统计。

本章重点

- 研究方法
- 研究技术

4.1　研究方法

根据图 3-1 中给出的对于研究方法的分类，本节将对定性研究方法和定量研究方法中的几种主要研究方法进行概要介绍。其中，定性研究方法包括行为研究、案例研究、人种学研究，以及扎根理论。定量研究方法是调查研究。有关上述研究方法，以及其他研究方法的详细介绍请参阅本书参考文献中给出的，分别由 Oviver P.，Cornford T.和 Smithson S.，Oates B.T.，李怀祖，以及保罗·D.利迪和珍妮·埃利斯·奥姆罗德编写的教材。

4.1.1　行为研究

行为研究具有以下特点：

（1）由于行为研究被设计用来研究变化对于现实的影响，因此，行为研究几乎不可避免地发生在如工作场所这样的现实环境之中。换句话说，在行为研究中一定存在着可以引入变化的现实背景，而变化则是通过“行为”引入的，这也正是“行为研究”名称的来源。

（2）行为研究通常由参与现实的人启动，他们是了解组织或者工作场所内部情况的“内部知情人”。但是，并不等于行为研究不能由“外部不知情人”启动，只是在引入变化时，“外部不知情人”相对要困难一些。然而，“外部不知情人”可以与“内部知情人”组成研究团队共同工作。由于在引入变化时可能会出现各种情况，需要一个团队共同监测各种可能发生的情况，因此，组成研究团队协同工作对于行为研究来讲通常是有益的。

（3）行为研究开始于识别能够引入变化，并且变化可能带来利益的组织或者工作场所。然后，研究人员引入变化，并监视其产生的结果。行为研究的动机不是出于自身需要，而是更多地希望通过研究进行学习，认清现实当中存在的问题，为将来的研究奠定基础。

（4）行为研究同时对研究人员有益。由于行为研究的主要目的是鼓励研究人员积极参与到对研究问题的反思中来，并检查发生在研究人员与研究问题之间的交互方式，因此，行为研究能够帮助研究人员更加积极和有兴趣地投入到研究背景中。

（5）行为研究对于在工作现场执行的案例研究也有帮助。在案例研究中，研究人员通常需要将研究结果整理成研究报告，而研究报告则可以很容易地得到行为研究的补充，比如：在一个大型组织中工作的研究人员想了解组织中层管理者处理工人建议的方式，他们就可以从提出一个很小的建议开始，然后，观察建议被中层管理者处理的方式。接着，根据被处理的结果以一种略微不同的方式再次提出建议。上述行为研究的结果就可以成为对这个大型组织的中层管理者处理工人建议方式案例研究的补充。

（6）行为研究具有如图 4-1 所示的螺旋循环过程。

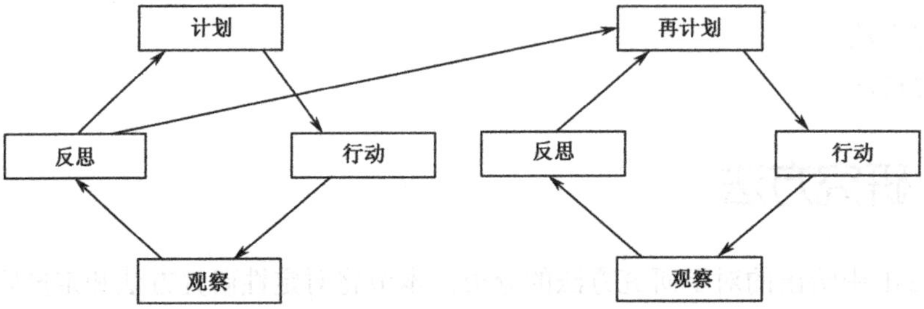

图4-1 行为研究的螺旋循环过程

4.1.2 案例研究

案例研究涉及针对一个实例的详细研究。所有的个人、社会群体、组织或者事件都可以被看做是值得研究的“案例”，可能成为案例的具体例子包括：

（1）一个新近担任大型组织常务董事的人；

（2）一个坐落在大城市通宵营业的咖啡馆；

（3）一所小学讲授阅读技巧的方式的改变；

（4）参加一个宗教团体的一群人。

案例（1）中的研究对象是一个人。研究的重点可以是此人对常务董事新角色的感觉和反应，也可以是其他员工对此人的态度，或者是对由此人所推行的新政策的态度。在进行案例研究时，通常需要描述组织的一般背景，并且，还应尽可能地提供此人与组织的联系。

案例（2）中的研究对象是一个组织。在执行此类案例研究时，研究人员很可能会对一天中咖啡馆内顾客的变化情况感兴趣，也可能会对咖啡馆老板与顾客之间的关系感兴趣。此外，由于可能会有不同的社会群体在咖啡馆内聚集，因此，研究人员还可能非常愿意对这些社会群体进行记录。通过关注这个作为独立机构的咖啡馆，研究人员收集的数据就可以被联系起来。

案例（3）中的研究对象是一个事件。案例研究可以描述讲授方式改变的本质，以及改变对于提升学生阅读技巧的明显效果，还可以涉及从父母和教师那里收集到的，记录有学生对于讲授方式改变后的反应的数据。

案例（4）的研究对象是一个社会群体。案例研究的重点是群体中的所有成员在加入宗教团体后所引发的宗教团体成员之间的关系变化，不仅包括群体成员之间的关系变化，而且也包括作为宗教团体新成员的群体成员与原有宗教团体成员之间的关系变化。

综上所述，案例研究的对象可以是：一个个人；一个组织；一个事件；一个社会群体。

由于可以反映重要的现实问题，因此，案例研究经常被研究人员选用。在案例研究中，被选作研究对象的案例通常都是一个特定类别中的典型代表，比如，上述例子中的常务董事就是大型组织中承担管理职责的其他人的典型代表，而加入宗教团体的那个群体则可以是加入封闭社团的其他群体的典型代表。

与调查研究相比，案例研究采取了一种非常独特的研究视角。它并不试图控制变量，或者从仔细挑选的样本中收集数据，而是仅针对一个案例，对发生在这个案例周围的特定交互进行详细描述，比如，以个人为研究对象的案例研究通常关注此人在现实生活中的多个重要方面，并且将这些重要方面与其过去的事件和经历相联系，基于以多种方式收集的数据研究各种问题。相同的做法同样适用于针对组织的案例研究，即：使用不同来源的数据研究组织的多个方面，目的是建立起比调查研究更加精确和丰富的组织描述。

4.1.3　人种学研究

人种学研究最初由希望深入研究人类社会和文化的人类学家提出并发展起来。这些人类学家提出并发展了一种在特定情况下完全或者部分地融入到所要研究的社会和文化中进行观察的方法。由于这种参与式观察的方法可以使研究人员最大限度地共享与研究对象的相同经历，因此，能够使研究人员更好地理解研究对象采取特定行为的原因。现在，这种方法已经不再局限于对人类学的研究，而是正在被有效地应用在很多涉及小型群体的研究中。

由于参与式观察需要花费大量的时间，因此，如需要花费超过 100 小时进行参与式观察时，研究人员通常都不会采用这种研究方法。另外，采用人种学研究方法的研究人员还必须能够被所研究的个体或者群体接受，这意味着：研究人员需要与研究对象做同样的工作，或者生活在相同的环境下足够长的时间。在人种学研究中，时间还不是唯一的问题。与案例研究一样，研究对象的代表性也经常会受到质疑。尽管研究人员已经花费了很长一段时间深入研究一个特定群体，但是，谁又能够保证这个群体就是具有相同名称的其他群体的典型代表？类似地，特定学校的一位教师能够代表其他地区相似学校的所有教师吗？特定类型组织中的一位销售人员能够代表所有组织中的销售人员吗？尽管如此，与案例研究一样，人种学研究可以在使相似群体中的成员认识到所面临的问题，并找到解决相似问题的办法方面发挥作用。

4.1.4 扎根理论

理论是将两个或者以上的概念或者思想联系在一起，并进一步说明其中的一个如何影响另一个的一般陈述。另外，通过收集经验数据，理论还能够被实践所证实。

研究的最终目的就是形成理论。好的理论不但可以帮助研究人员清楚地描述概念和变量，而且还可以帮助研究人员在准确把握变量间相互关系的基础上对未来做出精确的预测。此外，理论的另一个主要作用就是解释社会现象，即：好的理论还可以借助变量间的相互关系说明发生各种社会现象的原因。

作为扎根理论的代表人物，Glaser 和 Strauss 认为：形成理论的最合理方式就是将其“扎根”于所研究的数据中，根据数据分类后得到的数据类别构建理论，因此，在很大程度上，理论是数据的一部分。另外，构建理论的过程也不需要等到所有的数据都已经被收集完成，构建理论的过程实际上是数据收集过程的一部分。最后，临时的、不断发展的理论意味着需要收集最新的数据，这些最新的数据将被用来帮助理论的修改和重构，而修改和重构后的理论又将提出对数据新的需求。根据上述模型，理论需要被不断地发展和完善以满足数据的要求。换句话说，理论来自于研究数据，而且是研究数据中不可分割的一部分。

相对于抽象理论，由于“扎根”于数据的理论是一种能够更好地表达世界的模型，因此，有助于研究人员将理论与现实更好地联系起来。同时，扎根理论不但可以表达更加及时和“真实”的数据，而且还可以表达与研究人员联系更加紧密的数据。

扎根理论的主要贡献是：尽管仅涉及一个相对狭窄的领域，但是，却强调了形成理论的价值。传统的理论形成方法不但强调在研究人员设定的较大参数范围内工作，而且还试图让所设定的参数适应正在进行的特定研究需要。与此相反，扎根理论则要求把握每一个构建理论的机会，只要所构建的理论看起来与数据相关或者一致就可以。扎根理论的侧重点在于形成理论，而不在于证明理论有效性的过程。根据上述观点，理论不应该被看做是能够被用来解释现实和预测未来的静态结构，而应该被看做是能够适应新的数据和环境变化，不断成长和进化的有机体。

4.1.5 调查研究

调查研究是一种适用于从不同地理位置的大量调查对象处收集数据的研究方法。因为从单个调查对象处所能够收集到的数据量可能很小，但是，所有调查对象的数目总和会很大，通过调查研究通常就可以收集到大量数据。可以很容易地将调查研究与其他类似的，诸如涉及从较少数量调查对象处收集复杂、深入数据的案例研究，以及人种学研究区分开来。上述研究方法层面的区分还有助于揭示存在于社会和个人中的不同规律。

通常，调查研究被用来研究以下三方面问题：

（1）特定人群的特定生活态度和方式，或者特定社会习俗在该类人群中的存在程度；

（2）特定人群的发展趋势；

（3）从事特定职业的特定人群的特点。

应当注意的是：调查研究不仅限于特定人群，它也同样适用于非生命体，比如，汽车、住房、或者工厂等。学生很可能会对道路上正在行驶的，但却使用着劣质轮胎的汽车数量感兴趣，也可能会对老旧的，但却安装有双层玻璃的房屋比例感兴趣。

为了达到特定目的，调查研究经常会在社会范围内进行。一种最为人们所熟悉的调查研究就是政府或者中介机构收集特定人群信息的人口普查。通过人口普查所收集的信息对于确保政府制定的政策建立在有效的社会和经济数据基础上非常重要。由于通过调查研究能够使管理人员在充分信息支持下制定决策，因此，在工业和商业领域，调查研究同样重要。在医学领域，医学研究人员使用调查研究监视人群中特定临床表现的分布情况。通过分析调查结果，他们就能够判断这种特定临床表现是人群的整体特征，还是仅代表了部分患者的非正常现象。另外，调查研究还可以被用来监视如吸烟等习惯，以及医院评价顾客对其所提供的医疗服务的满意程度。

4.2　研究技术

根据表 3-1 中给出的数据收集技术和数据分析技术分类，本节将对定性研究方法和定量研究方法中的几种主要研究技术进行概要介绍。其中，定性研究方法数据收集技术包括面谈、观察，以及文献研究。定量研究方法数据收集技术包括客观测量和问卷。定性研究方法数据分析技术包括分类、解释学、符号学，以及叙述和隐喻。定量研究方法数据分析技术包括数据预编码和描述统计。最后，本节还将对在数据分析过程中使用的三种推理方式进行概要介绍。有关上述研究技术，以及其他研究技术的详细介绍请参阅本书参考文献中给出的，分别由 Oviver P.，Cornford T.和 Smithson S.，Oates B.T.，李怀祖，以及保罗・D.利迪和珍妮・埃利斯・奥姆罗德编写的教材。

4.2.1　面谈

面谈是研究人员面对面地从面谈对象处提取信息或者观点的技术。面谈可以是结构化的，即：研究人员按照预先制定的面谈计划向面谈对象进行提问，也可以是非结构化的，即：研究人员根据现场情况随机地向面谈对象进行提问。

研究人员提出的问题可以是主观的，即：面谈对象可以针对问题自由发挥；也可以是客观的，即：面谈对象只能在预先设定的回答范围内做出回答。

面谈可以让研究人员直接从面谈对象那里获得对问题的清晰解释。

4.2.2 观察

观察就是监视和记录发生在研究人员周围的事件或者研究人员所处环境的特定方面。

可以通过制定计划或者任务清单辅助观察。通常，研究人员应独立进行观察，并确保观察的客观性，比如，两个观察者对同一事件的观察应产生相同的记录。相反，由于参与式观察要求研究人员成为被观察事件或者环境的一部分，因此，在参与式观察中，研究人员将不可避免地对被观察事件或者环境产生影响。

4.2.3 文献研究

通常，研究必然涉及收集新的数据，比如，面谈记录或者问卷反馈。但是，事实是现实中已经存在着大量以纸或者计算机为载体可以被用于研究的潜在数据。如果能够直接利用这些数据，那么，研究人员就可以节省大量研究时间。现有数据的使用方式有以下两种：

（1）首先检查现有数据，然后围绕现有数据确定研究主题；

（2）首先确定研究主题，然后寻找对研究主题有帮助的现有数据。

找不到所需要的数据是方式（2）的明显缺点。因为，已经确定了的研究参数和感兴趣的变量将限制可以利用的数据范围，以至研究人员无法利用所有的现有数据。

方式（1）则不涉及上述问题，比如，研究人员可以很容易地在图书馆中找到大量可以用于研究的数据。但是，这样做却很容易使研究人员不断地变换研究主题。另外，也很容易导致最后的研究失去重点和准确性。

综上所述，首先选择研究主题，然后寻找现有数据，在最终确定研究主题之前，确保现有数据可用是较好的方法。

在研究中考虑使用现有数据的事实决定了现有数据的历史本质，由此引出了以下问题：

（1）现有数据是在何时收集的？

（2）现有数据是由谁收集的?

（3）收集现有数据的目的是什么？

对于绝大多数的现有数据，其被收集的时间通常都是清楚的。政府统计数据一般都提供有数据被收集的年，甚至是月。在进行趋势分析时，这些数据是非常重要的。同样的情况也适用于发表在报纸和期刊上的文章。但是，对于如备忘录、便笺等个人文档，其写作时间则很可能并不明确，需要参考相关的事件，或者相应的会议记录。总之，由于被收集的时间能够将现有数据与被收集时的人和事联系起来，并能够帮助研究人员将它们还原到历史背景中，因此非常重要。

通常，数据收集过程反映了数据收集者的个性，因此，明确现有数据是由谁收集的也很重要，比如，即使是经过周密计划的，由经过特定训练的研究人员执行的面谈，由于语调和提问方式的不同，也会对所收集到的数据产生影响。另外，众所周知，即使是对于相同的事件，由于记者都拥有个人观点，同时，其所属的机构也会对其撰写文章的方式有所期望，因此，他们通常也会以其特有的方式感知和报告事件。

最后，人们收集数据总是出于某种目的，因此，了解收集现有数据的目的也很重要，比如日记，一些人写日记纯粹是为了个人使用，从来没有想过让别人去读。但是，也有人不介意别人阅读，或者就是为了让别人阅读而撰写日记，比如，政治家就很可能出于退休后撰写书籍的目的而在他们的任期内撰写日记。在这种情况下，对于这种日记的阅读和分析就需要结合作者当时的写作目的。通常，私人日记总是比公开日记包含更多的个人思想和启示。

4.2.4　客观测量

客观测量是被设计用来测量变量的技术。根据被测量变量的不同，客观测量具有多种形式，比如，对红血球数量或者智商的客观测量等。

建立客观测量的主要目的就是要确保测量的客观性，也就是说，测量必须独立于其他因素，不受其他因素的影响，比如，在进行智商测量时就需要排除来自文化、语言或者家庭环境的影响。

标准客观测量是为了保证测量的稳定性和一致性，在不同条件下广泛应用的客观测量，比如，在测量智商的例子中，已经分别建立了专门针对 12 岁儿童、大学生，以及飞行员等不同群体的客观测量。

在实验开始之前进行的客观测量被称为预测量，相应地，在实验完成之后进行的相同客观测量被称为后测量，不同的预测量和后测量结果可以被用来确定实验的效果。

4.2.5　问卷

除了通常是印刷形式，并且可以在研究人员不在现场的情况下完成之外，问卷具有与面谈几乎相同的目的。

所有的问卷都是结构化的。当问卷对象被要求以自己希望的任何形式进行回答时，问卷中的问题就是主观的。相反，如果问卷对象被要求从预先给定的回答中进行选择，那么，问卷中的问题就是客观的。

由于可以通过邮寄或者电子邮件的方式发放问卷，因此，问卷对于需要从大量样本中得到回答的研究特别有用。同时，由于在问卷中不允许出现对问题模棱两可的回答，因此，出现在问卷中的问题应该确保能够被给出有意义的回答。

4.2.6 分类

采用定性研究方法通常会产生大量的数据，比如，在将面谈磁带中的录音转换成文本时，虽然磁带的播放时间只有 20 分钟，但是，转换后所形成的文本却会很长。当然，绝大多数情况下，拥有大量数据总比缺少数据要好，但是，这也会带来数据处理上的问题。

在处理定性数据时，首先要做的就是将其分为可以管理的部分，即分类。最好在数据收集的同时进行分类，比如，在向面谈对象提出特定主题的问题后立即将面谈对象的回答归入相应的主题，并记录下来。但是，由于还没有最终确定感兴趣的研究主题，因此，在研究开始时的分类通常并不容易，还需要进行大量的初步研究。

数据分类一般是从对数据的广度和深度有了一定认识后开始的。通常，掌握数据的全部内容会比较困难。这时，研究人员需要首先快速浏览数据，并理解其中包含的一些内容。在这一过程中，有些内容一定会给研究人员留下深刻的印象，比如，面谈对象表达的一个有趣的观点，或者对于研究问题的一次深刻评论。假设研究人员正从工作动机角度研究工人的工作态度，那么，对与工人面谈数据的快速浏览可能显示："这是一项有趣的工作"的回答会经常出现。这表明：对于许多工人来说，"兴趣"是影响其工作态度的一个重要方面。据此，研究人员就可以根据"兴趣"将工人的不同回答进行分类。

上述的分类过程应该不断持续下去，直到绝大多数有意义的数据都已经被归入相应的类别。但是，要将所有数据都归入相应的类别并不是一件容易事，对于这种情况，可以先将那些难以分类的数据暂时搁置，在未来形成新的类别时再将它们归入相应的类别。

实际上，对于定性数据的分类是一个持续完善而非一蹴而就的过程。由于早期分类的目的只是对所收集的数据产生初步认识，因此，提出的类别多是临时性的，它们仅是根据当时数据能够得到的最好结果。为了表明临时类别中所有数据的共同特征，研究人员还应为临时类别命名，共同特征对于后续的数据分析也是非常重要的。虽然在这个阶段零散的数据已经被放在看起来合适的类别中，但是，必须清醒的认识到：

（1）临时类别及其共同特征不一定就是数据分类的最合理方式；

（2）一些临时类别中可能包含有其他尚未确定的共同特征；

（3）一些数据可能被归入了多个临时类别中；

（4）分类是一个主观性很强的过程；

（5）对临时类别/共同特征的命名既可能是由面谈对象选择的，也可能是由研究人员强加的。虽然可以使用任何一种方式，但是，认可名称被接受的过程非常重要。

针对上述的第（3）点，以考虑学生在决定是否进入特定学院或者大学时，调查课程费用与课程内容相对重要性为例。根据与学生面谈得到的数据可能会得出上述两个方面都很重要的结论，这时，就可以既按照"课程费用"也可以按照"课程内容"进行分类，而这样做的必然结果是：一些数据被同时归入了分别按照"课程费用"和"课程内容"划分的不同类别中。而对于不同方面强调的侧重，研究人员将不得不做出主观判断，即：究竟是应该强调课程费用多一些，还是应该强调课程内容多一些？通常，对于数据的分类将明显根据强调的侧重进行。

以上实例同时也引出了上述的第（4）点，即：分类是一个主观性很强的过程。也就是说，从定性数据出的信息中，研究人员经常会得出不同的结论，而不同结论的得出则通常依赖于研究人员或者调查对象所执行的数据分析本质。

4.2.7 解释学

解释学既可以被看做是一种基本哲学，也可以被看做是一种特殊分析技术。作为一种基本哲学，它为解释主义提供了哲学基础，而作为一种分析技术，它提供了一种理解文本数据的方式。以下将说明其作为分析技术的内涵。

解释学主要涉及文本的含义。解释学的基本问题是：文本的含义是什么？Taylor 认为："在解释学意义上，解释就是试图使研究对象更加清楚，更有意义。因此，研究对象必须是在一定程度上含糊的、不完整的，甚至是自相矛盾的文本。解释就是为了说明研究对象的一致和含义"。

解释循环是指完整理解文本与对部分文本进行解释之间的辩证关系。通常，对文本含义的理解都需要经历由整体到部分再到整体的循环运动过程，即：由整体所决定的部分也能够反过来影响整体。

如果将解释学应用在信息系统研究中，解释的目的就是阐明描述组织的文本的真正含义。对于描述组织的相同文本，研究人员可能会产生含糊的、不完整的，甚至是自相矛盾的理解。解释学的目的就是阐明所有文本的含义，说明组织中的个人、组织，以及信息技术之间的相互关系。

4.2.8 符号学

类似于解释学，符号学也既可以被看做是一种基本哲学，也可以被看做是一种特殊分析技术。以下将说明其作为一种分析技术的内涵。

符号学主要涉及语言中的符号含义。语言中的"字"或者"词组"可以被赋予基本概念类（比如，语法、语义和语用）是符号学的核心思想。

符号学的第一种形式是内容分析。内容分析是"建立符号与其背景间可再现合理联系的研究技术"。研究人员从文本中搜索结构及模式化规则，并在规则的基础上进行推理，比如，英语试卷中的完型填空类试题。

符号学的第二种形式是会话分析。会话分析假设含义形成于会话中。研究人员将自己融入会话以揭示会话背后的真正含义。

符号学的最后一种形式是话语分析。话语分析建立在内容分析和会话分析基础之上，但更加强调语言博弈。语言博弈是指明确的、由按照一定顺序排列的口头短语所组成的交互单元。

4.2.9 叙述和隐喻

简明牛津英语词典将叙述定义为："对故事或者事实的讲述，特别是指以第一人称讲述的故事或者事实"。隐喻是"将描述性术语或者短语应用在字面上并不适用的对象或者行为上，比如，Windows 95 的窗口"。

叙述和隐喻一直都是文学讨论和分析中的主要术语。近年来，在所有类型的思想和社会实践中，其作用也得到了越来越多的认可。研究人员开始更多地关注如本土文化中的叙述和隐喻、组织中的叙述和隐喻，以及隐喻和精神病学等。

在信息系统研究中，叙述和隐喻的关注点在于理解系统开发人员与组织成员之间的语言、通信和含义。

4.2.10 数据预编码

数据预编码要求研究人员在收集数据之前确定数据的类别。数据预编码的前提假设是：世界上存在着可以通过适当测量工具测量并且定量化的实体。

在进行数据预编码前，研究人员应该已经对所要研究的问题有了全面的了解，这样，他们就可以进一步明确急需解决的主要问题，并将主要问题转换成为问卷或者面谈中可以被精确测量和量化的问题，或者实验设计中的变量。以下即为一个在问卷中使用数据预编码的例子。

你认为自己当前的工作：

（1）非常有趣；

（2）在绝大多数情况下非常有趣；

（3）有时候会非常有趣；

（4）很少会非常有趣。

在上述例子中，问卷在被发放给问卷对象之前，其中关于上述问题的回答就已经被分成了四类，并且被分别赋予了不同的编号，问卷对象只能从上述的四种回答中做出选择。

虽然数据预编码具有许多优点，但是，在使用它之前应该确保：研究人员已经对研究领域的一般背景知识有所了解，只有这样，他们才可能在收集数据之前提出相关的问题，并进行编码。数据预编码的优点包括：

（1）确定性：以相同的形式向不同的研究对象提问；

（2）方便性：以有利于进行统计分析的方式构造问题；

（3）在需要的地方进行量化；

（4）研究人员控制研究设计。

当然，数据预编码也存在问题，即：研究对象所能够提供的回答将在很大程度上受到限制。研究对象可能非常希望研究人员能够充分考虑他们对于数据的解释和分类。因为，他们认为：既然自己是数据的提供者，那么，只有他们才会对数据有更好的理解，而数据预编码却不允许他们提供搞清楚问题的方式。

4.2.11　描述统计

描述统计的最主要功能是将大量测量值以容易理解的形式表达出来，比如，客观测量数据通常包括大量读数，但是，通过简单浏览其中的一些读数却很难判断它们的趋势，这时就需要借助一些方式对数据进行概括。

假设教育管理部门的工作人员想知道特定学院中每门课程所招收的全日制学生人数。在从所有课程负责人那里收集到相关数据后，工作人员通常面对的是大量需要进行概括的数字。最初的概括方式可以是根据所招收的学生人数对课程进行分组，分组的结果见表 4-1。

表 4-1　根据所招收的学生人数对课程进行的分组

招收的学生人数	1～10	11～20	21～30	31～40	41～50	51～60	61～70	71～80	81～90
课程数	3	8	14	22	7	2	3	1	1

由于表 4-1 清楚地显示了招收不同学生人数的课程数，因此，它也被称为频率分布。这种频率分布可以使工作人员对不同课程所招收的学生人数有一个整体印象。

虽然在描述统计中采用表的形式也是合适的，但是，通常图形更容易被理解和交流。柱状图是表达频率分布最常用的图形式，图 4-2 即是对上例的柱状图表达。

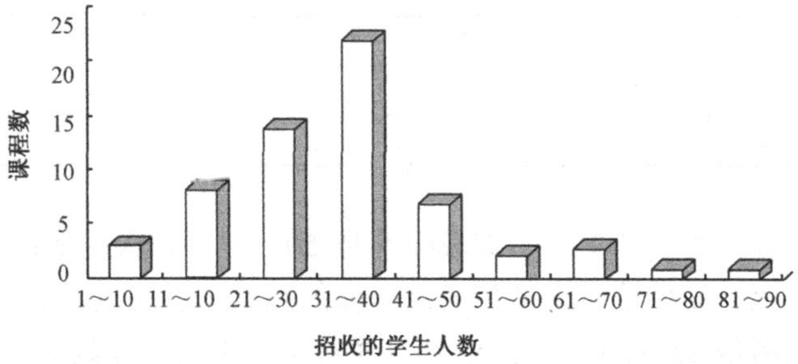

图4-2　招收有不同学生人数的课程数

对一组数据进行描述和概括的另一种常见方式是计算出一个能够代表这组数的数，其中，最常见的就是这组数的“平均值”。平均值的计算方法是：将组成一组数的所有单独测量值相加，然后，除以测量值的数目。平均值具有以下一些重要特征：

（1）明确。对于特定的一组数只有一个平均值；

（2）计算直接；

（3）每个测量值都对平均值有贡献。

上述的第（3）点既是优点也是缺点。原则上，尽管一个或者两个例外测量值可以对平均值造成很大影响，但是，平均值仍然具有一定程度的代表性。

另一种描述一组数中心点的方法是中值。计算中值时首先将一组数按递增（或者递减）的顺序排列。中值就是这一系列数中处在中间位置的那个数，比如。在以下的这组数中：

2，7，9，16，23，24，32

处在中间位置的数是 16，因此，16 就是这组数的中值。如果一组数由偶数个数组成，那么，中值就是对处在最中间的两个数取平均值，比如，在以下的这组数中：

1，7，10，12，17，21

中间的两个数是 10 和 12，它们的平均值是 11，因此，11 就是这组数的中值。

中值的优点是：与平均值不同，它不受仅被用于计算中间位置的极端值影响。

概括一组数的最后一种方法是说明数的“模式”或者“最常见值”。它仅仅是一组数中最常出现的数。一组数只可能有一个平均值和中值，但是，这组数中却可能同时存在着几个最常出现数。

模式的主要优点是：它既适用于定性数据也适用于定量数据，比如，在一项市场研究中，潜在的新车买主将被要求说出他们最希望的新车特点。这时，研究人员根本没有办法计算出平均值和中值，但是，最常见值就是被提到次数最多的特点。

在上述讨论中出现的一个重要问题是：在一组定量数据中可能存在一个或者两个极端值，或者这些数据非常接近地聚集在一起。表 4-2 为两名学生五门课程的期末考试成绩的实例。

表 4-2 两名学生五门课程的期末考试成绩

	课程 1	课程 2	课程 3	课程 4	课程 5
学生 A	20	15	65	60	90
学生 B	55	45	50	53	47

通过计算可以发现：两名学生的平均成绩都是 50。但是，很明显：学生 A 的成绩要比学生 B 的成绩跨度更大。简单地对于学生成绩跨度的测量可以通过计算成绩的范围得到。对于学生 A，分数的范围是 15～90，差值是 75。而对于学生 B，分数的范围是 45～55，差值是 10。对于具有相同平均值的分数，以上两种情况存在很大不同。

在任何一组数据中，计算单个测量值与平均值的离散程度，或者与平均值的贴近程度都是可能的，这被称为计算标准差。对于任何一组读数或者定量数据都有一个标准差。按照以下步骤可以容易地计算出标准差：

（1）首先，计算出这组数的平均值；

（2）对于这组数中的每个数，计算它与平均值的差，如果这个数大于平均值，就用它减去平均值；如果这个数小于平均值，就用平均值减去这个数；

（3）计算每个差值的乘方；

（4）将所有乘方的结果相加；

（5）用乘方的和除以这组数的个数；

（6）计算所得数的平方根就得到了标准差。

对计算过程的回顾显示：每个数与平均值的偏离越大，标准差就越大。反之亦然。

4.3 小结

行为研究被设计用来研究行为变化对于现实的影响，经常由参与现实的“内部知情人”启动。行为研究具有螺旋循环过程，开始于识别能够引入变化，并且变化可能带来利益的组织或者工作场所。然后，研究人员引入变化，并监视其产生的结果。行为研究可以帮助研究人员积极投入研究背景，同时，也有助于工作现场执行的案例研究。

案例研究是指针对一个实例的详细研究。所有个人、社会群体、组织或者事件都可以是“案例”，同时，案例通常又是特定类别中的典型代表。

人种学研究是指融入所要研究的社会和文化中进行观察的方法。它由人类学家提出并发展起来，现在也被应用于研究小型群体。人种学研究的主要目的是认识所面临的问题，找到解决问题的办法。进行人种学研究存在以下问题：需要花费大量时间；研究人员必须被研究对象所接受；研究对象的代表性可能受到质疑。

理论是将概念联系在一起，并说明其相互影响的一般陈述。扎根理论认为：理论源于数据，是数据的一部分；构建理论的过程是数据收集过程的一部分。扎根理论有助于将理论和现实更好地联系起来，表达与研究人员联系更加紧密的数据。理论是具有适应能力的有机体。

调查研究是从不同地理位置的大量调查对象处收集数据的一种研究方法。它不仅适用于特定人群，也适用于非生命体，比如，收集特定人群信息的人口普查，以及收集使用劣质轮胎的汽车数量等。

面谈是面对面地从面谈对象处提取信息或者观点的技术。结构化面谈是指按照预先制定的面谈计划向面谈对象提问。非结构化面谈是指根据现场情况随机向面谈对象提问。主观问题是指面谈对象可以针对问题自由发挥回答。客观问题是指面谈对象在预先设定的范围内回答。通过面谈，可以直接从面谈对象处获得对于任何问题的清晰解释。

观察就是监视和记录周围发生的事件或者特定方面。可以通过制定计划或者任务清单辅助观察。应该独立进行观察，并确保观察的客观性。

文献研究是指直接利用现有数据，有两种方式：首先检查现有数据，然后确定研究主题；首先确定研究主题，然后寻找现有数据。两种方式各有优缺点，较好的方法是首先选择研究主题，其次，寻找现有数据，然后，确保现有数据可用，最后，确定研究主题。在进行文献研究时，存在三个重要问题：现有数据是在何时收集的？现有数据是由谁收集的？收集现有数据的目的是什么？

客观测量是一种测量变量的技术，目的是确保测量的客观性。标准客观测量是应用在不同条件下的客观测量，比如。专门针对 12 岁儿童、大学生，以及飞行员的客观测量。实验开始前所进行的客观测量被称为预测量，实验完成后所执行的客观测量被称为后测量，预测量和后测量的结果可以被用来确定实验效果。

问卷具有与面谈几乎相同的目的。由于通常是印刷形式，可以在研究人员不在现场的情况下完成，因此，在需要从大量样本中得到回答时特别有用。问卷都是结构化的，其中的问题则可以是主观的，也可以是客观的。问卷中的问题应该以能够确保可提取出有意义的回答为标准。

分类是将定性数据分为可以管理的部分，最好在数据收集的同时进行分类。分类一般是从对数据有了一定认识后再开始的，可以先将难以分类的数据暂时搁置。分类是一个持续完善而非一蹴而就的过程。

解释学是一种理解文本数据的方式，其中的基本问题是：文本的含义是什么？解释循环是指对文本含义的理解需要经历由整体到部分再到整体的循环运动过程。应用在信息系统研究中，解释的目的就是阐明描述组织的文本的真正含义。

符号学主要涉及语言中的符号含义。语言中的“字”或者“词组”可以被赋予基本概念类（比如，语法、语义和语用）。符号学包括三种形式。第一种形式是内容分析，即：“建立符号与其背景间可再现合理联系的研究技术”；第二种形式是会话分析，即研究人员融入会话以揭示背后的真正含义；最后一种形式是话语分析，强调语言博弈。

叙述是指以第一人称讲述的故事或者事实。隐喻是将描述性术语应用在字面上并不适用的对象或者行为上。叙述和隐喻一直都是文学讨论和分析中的主要术语。在信息系统研究中，它们的关注点在于理解系统开发人员与组织成员之间的语言、通信和含义。

数据预编码的前提假设是存在可以通过测量工具测量并且量化的实体。在使用数据预编码前应确保：研究人员已经对研究领域的一般背景知识有所了解。数据预编码的优点包括：以相同的形式向不同的研究对象提问；以有利于进行统计分析的方式构造问题；在需要的地方进行量化；研究人员控制研究设计。缺点是：研究对象所能提供的回答受到了限制，影响了其作为数据提供者对数据的解释和分类。

描述统计的最主要功能是将大量测量值以容易理解的形式表达出来。其中，表和图是最常使用的形式。另一种形式是使用一个能够代表一组数的数，包括：平均值（所有单独测量值的和/测量值的数目）、中值（将一组数按递增或者递减的顺序排列，处在中间位置的那个数；如果一组数由偶数个数组成，处在最中间的两个数取平均值）、最常见值（一组数中最常出现的数），以及标准差（单个测量值与平均值的离散程度）。

4.4　习题

（1）简述行为研究方法。
（2）简述案例研究方法。
（3）简述人种学研究方法。
（4）简述扎根理论。
（5）简述调查研究方法。
（6）简述面谈技术。
（7）简述观察技术。
（8）简述文献研究技术。
（9）简述客观测量技术。
（10）简述问卷技术。
（11）简述分类技术。
（12）简述解释学技术。
（13）简述符号学技术。
（14）简述叙述和隐喻技术。
（15）简述描述统计技术。
（16）根据本章叙述，为自己确定的研究主题选择研究方法和技术。

第 5 章　研究的有效性

内容提要

有效性研究意味着好的，高质量的研究。相反，非有效性研究则是缺少价值，甚至是没有价值的研究。本章首先介绍了有效性的含义。然后，概述了测量的有效性。接着，介绍了两种主要的推理逻辑：归纳和演绎，指出了两者的关系以及对归纳主义的批判。最后，概述了证伪主义以及对其的批判和科学的结构性整体理论以及对其的批判。

本章重点

- 有效性的含义
- 测量的有效性
- 归纳和演绎
- 证伪主义
- 科学的结构性整体理论

5.1　有效性的含义

术语“有效性”一词来源于 16 世纪晚期法语中的“valide”，或者拉丁语中的“validus”或者“valere”，其含义为“强壮”或者“强大”。今天，虽然最初“强大”的含义仍然重要，但是，人们可能更多地将其与“真理”以及“合理”联系起来。有效性的同义词包括真实、真正、可信等，而其反义词则包括无效、虚假以及假冒等。另外，由于有效性最初应用在法律背景下，表明法律观点是否具有合理基础，因此，合理、符合逻辑，以及具有牢固的基础也是有效性的同义词，而不合逻辑则是其反义词。

在研究背景下，有效性是可靠性、客观性、真理、有价值，以及严谨等重要概念集合中的一员，具有很强的褒义色彩。在很大程度上，有效性研究意味着好的、高质量的研究；相反，其反义词“非有效性”则通常与不可靠、偏见，以及错误等联系在一起。非有效性研究通常被认为是缺少价值，甚至是没有价值的研究。研究的有效性总是与其研究背景相关，即：有效性只有在特定的情况下才会成立，是相对的。

学生主要关注的是其在研究中所使用的数据，以及基于这些数据所得出的结论的有效性。在一项研究的结论是有效的情况下，它会被称为是健壮的（强壮的同义词）研究。但是，更一般的情况是：用于研究的方法，而不是特定的研究结论的有效性出现了问题。比如，学生可能被问到：实证主义是否是一种合理的认识论？定性研究是否是一种合理的科学研究方法？或者社会科学是否是一种合理的科学？以上问题就是涉及真实或者合理的问题。

对有效性的判断也可以被看做是对价值的判断。对价值进行判断，特别是对学生研究工作的价值判断，无论是在情感上，还是在哲学上都需要慎重对待。对学生研究工作的有效性提出质疑，甚至宣布是无效的，在任何情况下都很难被接受。甚至，这样的判断可能使学生面临丧失获得学位的风险。因此，合理地使用有效性标准是学生需要特别考虑的问题。然而，在研究中，学生采用的不同研究范式却决定着其对有效性的不同理解。

5.1.1　实证主义的有效性

实证主义的有效性强调研究的内部有效性、外部有效性、可靠性，以及客观性。

1. 内部有效性

内部有效性是指研究对因果陈述的支持程度。为了证明前提 A 是结果 B 的发生原因，必须满足三个条件：第一，在时间上，前提 A 必须发生在结果 B 之前。第二，前提 A 必须与结果 B 相关。也就是说，当前提 A 发生变化时，结果 B 也必须发生变化。第三，前提 A 与结果 B 之间的变化关系一定不是由前提 C 引起的。

比如，在验证“学历高的人（前提 A）其收入也高（结果 B）”这样的假设时，如果在完成学业之前就对其收入进行评价，那么，就明显违背了条件一。另外，如果评价结果表明：学历高的人在收入上与学历低的人基本没有差别，那么，由于违背了条件二，也不能说前提 A 与结果 B 之间存在因果关系。在研究中，最难判定的是条件三，即：是否有其他前提 C（比如，父母的社会地位）与学历（比如，富有的父母将孩子送入私立学校）以及收入（比如，来自家庭的私有收入）同时相关。在这种情况下，由于学历和收入同时受到了父母社会地位的影响，因此，学历与收入之间的因果关系就会受到质疑，研究的有效性当然也就会受到影响。

2. 外部有效性

外部有效性是指研究结果能够适用于其他情况的程度，比如，在问卷调查中，外部有效性取决于研究所选择的样本。除非对母体中的成员进行普查，否则，学生不可能对母体中的每个成员都进行研究，因此，在确定研究对象时一定存在着一定程度不可避免的选择，而这样的样本选择则应该遵循以下准则，即：被选中的研究对象不应该在任何方面有特殊性，它们是非典型的。只有这样，通过对它们进行研究所取得的结果才可能适用于母体中的其他成员。

在招募志愿者进行的实验中，学生可能发现：在实验条件下，一些志愿者会以特定的方式产生行为。但是，当志愿者在心理上与研究结果将被应用的人群存在明显差异时，研究结果的外部有效性就会很差。另外，如果实验环境不能很好地模拟现实环境，研究的外部有效性也会受到影响。

3. 可靠性

可靠性涉及研究的发现，并且是表征研究发现可信性的一个重要方面。如果研究发现是可以重复的，那么，研究就是可靠的。换句话说，如果重复进行同样的研究，就应该得到相同的研究结果，比如，如果发现一组参加过培训的工人其工作效率较以前提高了一倍，那么，其他的相同研究是否也能够得出同样的结论？重复进行研究以验证结果的可靠性也被称为可重复性。在实证研究中，具有较高的可靠性是非常重要的。

4. 客观性

从数据分析中得出的结论应该是客观的。也就是说，结论应该建立在实际数据，而不是主观或者情感的基础之上，比如，存在以下已经得到了数据支持的假设："增加的员工参与机会将增加他们在组织中所承担的责任"。但是，学生却仍然固执地认为："增加的员工参与机会不会对增加他们在组织中所承担的责任有所帮助"，这种固执就是毫无意义的。因为，学生的结论不是建立在实际的、基于数据的研究基础之上，而是建立在其主观的意见基础之上。另外，如果这是学生的始终信念，那么，从一开始就没有必要进行这项研究。

综上所述，对数据的解释越客观，研究就越科学。尽管学生可能在开始研究时持有一些主观的价值和信仰，但是，他们对数据的解释应尽可能地排除其个人的价值和偏见。

5.1.2 解释主义的有效性

解释主义的有效性强调知识的构建、可信赖，以及真实性，主要表现在相对主义的本体论、相互影响的认识论、解释学观点，以及问答式方法四个方面。

1. 相对主义的本体论

知识以多样和无形的精神构建为表现形式，建立在社会和经验基础之上，具有局部及特定的本质（尽管构建中的元素通常被许多个体所共享，甚至跨越文化）。在形式和内容上依赖构建的个人或者群体的现实是可以理解的。在任何绝对的意义上，构建都不是正确的。正如与其相关的现实一样，构建也是可以被改变的。

多样的、可理解的，以及有时甚至是相互矛盾的社会现实是由人的智力产生的。随着构建的改变，社会现实也会发生相应的改变。

2. 相互影响的认识论

学生与研究对象被认为是交互地联系在一起的。伴随着研究的进行，研究发现被以文字的形式创造出来。另外，由于学生的价值观将不可避免地对研究产生影响，因此，研究发现将在一定程度上依赖于学生的价值观。需要注意的是：上述情况对存在于存在论与认识论之间的传统区别也提出了严峻挑战，因为可以获得的知识将不可避免地与存在于特定学生与特定研究对象或组织之间的交互交织在一起，即：知识产生于学生与研究对象之间的交互过程中。

3. 解释学观点

易变及个性化的社会构建本质表明：只有通过学生与研究对象之间的交互，才能够引出个人构建并将其细化。使用传统解释技术可以解释这些易变构建，并且，通过使用问答式方法，它们还可以被相互比较。最终目的就是提取出比以往任何构建更经得起推敲的一致构建。

4. 问答式方法

研究的相互影响本质要求学生与研究对象进行对话。为了将无知和误解转换成为意识，对话必须是问答式的。具有变革能力的学生应该能够揭示和发现那些历史上已经被认同，同时又代表着遭受痛苦、矛盾，以及共同奋斗经历的各种知识形式，并且能够将对概念的历史理解与批判和希望联系起来。具有变革能力的学生应该展示出相应的变革领导能力。

5.2　测量的有效性

作为定量研究方法中的一种数据收集技术，测量的有效性是指测量结果与研究对象特征和功能的吻合程度。研究表明：有效性与吻合程度成正比，吻合程度越高，其相应的有效性就越高，反之亦然。通常，有效性与可靠性有着紧密的联系，可靠性是有效性的必要条件，当测量的有效性高时，其可靠性也高；然而，当测量的可靠性高时，其有效性却可能无法确定。

在进行测量时，影响内部有效性的因素有很多，包括：测量的目的与范围是否相符，测量的内容与性质是否一致，测量的内容与所对应的目标是否相匹配等。同样，测量中影响外部有效性的因素也有很多，包括：实验过程中的偏差、实验者的主观因素，以及对因变量的测量等。Samuel 根据测量目标的不同，将测量的有效性分为三类，分别是：内容有效性、准则有效性和构建有效性。

5.2.1　内容有效性

内容有效性反应的是测量一个复合变量的所有子问题是否覆盖了被测量变量的所有方面。检验内容有效性的方法是：请熟悉方法的专家重新审核所有涉及被测量变量的问题。比如：密西根酒精中毒筛选实验包括 24 个问题，覆盖了诸如酒精问题的自我识别和他人识别、社会问题、工作问题、寻求帮助问题、婚姻与家庭的困难问题，以及肝脏病理等方面的子问题。为了检验上述 24 个问题是否覆盖了被测量变量的所有方面，邀请熟悉这些问题的多位专家，重新审视这 24 个问题。结果，所有专家都认为：从内容效度的角度看，筛选实验是有效的。

5.2.2 准则有效性

准则有效性是指：当测量得到的变量值能够与非心理的直接测量值相比较，或者与已经被证明是有效的测量值相比较，并且比较结果一致时，就称测量得到的变量值是准则有效的。上述非心理的直接测量工具或者被证明是有效的间接测量工具（比如问卷）就被称为准则，或者效标。比如，利用血检可以测得若干与体内酒精含量相对应的指标，这些指标就是效标。在同一有效时间段内，被检验者对研究人员所提问题的回答就可以与这些效标相对照，分析结果是否具有一致性。当被检验者的自述值与生理检测结果一致时，就称上述的心理测量是具有准则有效性的。相反，则称上述的心理测量是不具有准则有效性的。

5.2.3 构建有效性

构建有效性产生于对“焦虑”、“固有倾向”等一些较为隐秘的心理概念的测量。由于这些概念直接观察不到，也无法直接测量，而学术上又假设其是存在的，因此，需要在理论上给出这些概念的构建和特质，以及它们所对应的个人或者团体的行为。如果能够对这些构建进行测量，那么，就可以测量出原始概念值。如果针对不同被测者所测量出来的原始概念值能够解释与概念相符的行为，那么，这个测量就具有构建有效性。比如，McLellan 在 1985 年研究对概念“物质成瘾度”的测量时，构建了“成瘾严重度指标”。从理论上可知：物质成瘾应当与诸如用药问题、守法问题、家庭问题、精神病问题等现象有关。于是，McLellan 对被测人进行了扩展研究，发现“成瘾严重度指标”得分高的被测人都在药物、就业、守法、家庭、精神病等方面存在问题，这就证明了对“成瘾严重度指标”的测量是有效的。

5.3 归纳和演绎

在科学研究中，归纳和演绎是两种最为重要的推理逻辑。本节将首先对这两种推理逻辑进行简要介绍。然后，说明它们之间的关系。最后，给出对归纳主义的批判。

5.3.1 归纳

所谓归纳，是指根据所观察到的事实以及结果或者结论产生普遍规则。一般来说，归纳过程可以分为三个步骤：首先是观察，即积累研究经验和观察样本；其次是分析，即根据积累的研究经验和观察样本获得基本规律和共性；最后是概括，即系统地判断所获得材料的规律和特点，并将这些规律作为预测同类事物的基本原理。在上述归纳过程中，需要特别注意以下三点：

（1）形成概括基础的观察数目必须很大；

（2）观察必须在各种条件下能够重复；

（3）已被接受的观察不能与所得到的普遍规律相矛盾。

哲学家在研究人类知识的本质时经常使用一个关于鸟类的例子。考虑下面两个概括性陈述句：

（1）所有的乌鸦都是黑色的；

（2）所有的天鹅都是白色的。

按照归纳主义者的逻辑，因为看到了大量的乌鸦，并且注意到它们都是黑色的，因此，得出了概括性的陈述句（1），认为所有乌鸦都是黑色的。类似地，可以得到关于天鹅的概括性陈述句（2）。

但是，上面两个概括性陈述句却存在着有趣的差异。就目前所知，（1）始终是正确的，而且直到 18 世纪，欧洲人都认为（2）也是正确的。但是，澳大利亚的早期探险者却发现了黑色的天鹅，因此，他们开始反驳所有天鹅都是白色的说法。正如即将看到的，这种反驳或者证伪对于归纳主义者来说是非常重要的。归纳主义者将其解释为：归纳推理从不产生确定性。归纳是一种概率推理，前提正确的归纳不一定能够得出正确的结论，归纳只能推出概率较高的结论。

5.3.2　演绎

在Aristotle 的逻辑中，演绎是"建立在客观理论基础知识之上，从已知的、由归纳得出的规律出发推导出未知问题结论"的逻辑，即应用知识。以下是有关演绎推理的两个例子：

1．所有的哲学书都是令人厌烦的。　　（1）
　这是一本哲学书。　　（2）
　这本哲学书是令人厌烦的。　　（3）

2．很多的哲学书是令人厌烦的。　　（1）
　这是一本哲学书。　　（2）
　这本书是令人厌烦的。　　（3）

在例 1 中，由于前提（1）"所有的哲学书都是令人厌烦的"是真实的、符合客观实际的，因此，结论（3）"这本哲学书是令人厌烦的"就是正确的。但是，在例 2 中，由于前提（1）"很多的哲学书是令人厌烦的"并不是一般性的命题，因此，结论（3）"这本书是令人厌烦的"就是不确定的。

结合上述的两个例子，有必要进一步对演绎的前提进行思考，考察下面的例子：

3．假设 George 是一只宠物乌鸦的名字。
　所有的乌鸦都是黑色的。　　（1）
　George 是一只乌鸦。　　（2）

George 是黑色的。 (3)

很明显，例 3 中的结论（3）“George 是黑色的”建立在前提（1）“所有的乌鸦都是黑色的”和（2）“George 是一只乌鸦”的基础之上，然而，这个结论一定是正确的吗？

假设已经观察了一千只乌鸦，它们都是黑色的。但是，尽管如此，人们仍然无法从上述的已知观察中预测出结论（3）。因为，很可能在澳大利亚发现的第一千零一只乌鸦并不完全是黑色的。也就是说，不能确定前提（1）是一般性的命题。再看下面的例子：

4. 所有的猫都有 5 条腿。 (1)

Bugs Pussy 是一只猫。 (2)

Bugs Pussy 有 5 条腿。 (3)

众所周知，猫都有四条腿，但是，由于例 4 中的前提（1）“所有的猫都有 5 条腿”是错误的，因此，其结论（3）“Bugs Pussy 有 5 条腿”虽然合乎逻辑，但却是错误的。

综上所述，在演绎推理中，谬误的结论往往是由于错误的前提所导致的。

5.3.3 归纳和演绎的关系

归纳和演绎是相互联系的。如图 5-1 所示，归纳推理是从特殊到一般的认识过程，即：根据观察获得的事实总结出规律和理论；而演绎推理则是从一般到特殊的认识过程，即：根据已知的规律和理论对未知做出判断和解释。

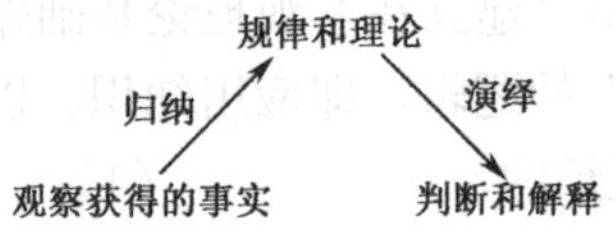

图5-1 归纳和演绎的关系

归纳和演绎是既相互依存，又相互补充的。一方面，没有归纳就没有演绎，演绎源于归纳的概括总结。另一方面，通过归纳得出的规律和理论的必然性又需要应用演绎加以论证。

5.3.4 对归纳主义的批判

归纳主义者认为：科学理论的产生是从观察和数据搜集开始的，通过对数据的总结归纳，得出规律和理论。但是，很多科学家也对归纳主义提出了批判。Hume 认为：科学理论不能通过归纳得出，归纳只是一个猜想与否证的过程，比如，人们在观察了 100 万只天鹅后可能归纳出“天鹅是白色的”观点，然而，只要他们再观察到一只黑色天鹅的存在，那么，之前的命题就不再真实了。Popper 则认为：简单的观察和仅有的数据是不能得出科学理论的，这是因为在归纳的过程中，人们不可避免地加入了推测和假想，目的是在一定的历史和文化背景下为所研究的问题寻找一种较为合理的解答。

5.4　证伪主义

Hume 指出：人们永远都无法仅通过观察得出具有普遍性的命题。不论曾经看到过多少只黑色的乌鸦，人们都不能断定“所有的乌鸦都是黑色的”。

Popper 指出：尽管人们无法通过观察获得一般命题，但是，却可以帮助人们建立理论的“伪性”，比如，从观察到的“这只乌鸦是黑色的”现象得出“所有的乌鸦都是黑色的”这一普遍命题并不成立。换言之，人们可以反驳或者证伪一个普遍命题。这也引出了 Popper 的《Conjecture and Refutation》，也即著名的证伪主义。

证伪主义者认为：科学知识并非源于观察，而是始于猜测。科学工作者通过批判和验证努力推翻现有的理论。人们永远无法断定一个科学理论、定律或者法则永恒为真。只有通过若干次严格的检验，一个理论才可能被小心翼翼地接受。

5.4.1　理论的构建

一个新想法往往源自于自由创造。Popper 认为：伟大的科学家同伟大的艺术家一样，通常都具有非凡的创造力。出于对科学的无限热爱，他们可以根据自己的经验或者灵感，针对正在研究的问题提出适当的猜想。提出猜想的过程并无固定的逻辑，而是充满了非理性的元素，有时甚至需要完全依靠科学家的直觉和灵感。这种假设亦称为假说。

假说在开始时总是被试探性地提出，只有在能够准确阐述或者预测世界某些方面的行为时，它们才开始被接受，并形成为一个候选理论。之后，科学家们在这种假说的指导下开始收集数据，逐渐丰富并完善这个候选理论。

5.4.2　理论的生存

作为衡量的标准，科学的理论必须具有证伪能力。也就是说，一个理论只有在具有反驳的可能性时才可能成为一个有效的理论。下面给出了四个具有证伪能力的命题：

（1）星期三从来不下雨；

（2）被加热时，所有的物质都将膨胀；

（3）重的物体，比如一块砖，当在地球表面被释放时，如果没有受到阻挡，将会垂直下降；

（4）在光线被平面镜反射时，入射角和反射角相等。

在候选理论得到确立之后，它们必须经历不断的反驳，只有那些最适用的理论才能够生存下来。科学家不断地设计新实验，通过观察到的结果检验候选理论。当实验结果与候选理论相符合时，后者得以继续生存；而当实验结果与候选理论不相符合时，候选理论或者需要改进以维系生存，或者无法改进而被最终推翻。

对于上述的四个例子，当某个星期三下雨时，命题（1）就可以被轻而易举地驳倒；而命题（2）在现实中也存在着反例，比如：冰在融化时体积不但不会增加，反而会减小。因此，命题（1）和（2）都可以被推翻，不能成为理论。由于命题（3）和（4）到目前为止尚未发现有反例，因此，人们仍然可以谨慎地接受它们作为候选理论。

5.4.3 对证伪主义的批判

许多当代的科学哲学家都对证伪主义提出了以下批评：

（1）不充分的历史证据可能导致证伪的失效，比如，通过对月球轨道的观察，牛顿引力定律曾经被"证明"是错误的。但是，后来的观察发现，历史仅仅是在当时开了一个玩笑，50年后的新发现纠正了这种歪曲。

（2）有科学哲学家质疑："所有的科学研究都是为了验真或者证伪吗？"科学研究的目的不仅在于发现新知识和发明新理论，更为关键地还在于解释世界现象，预测未来的发展趋势。证伪主义一味地反驳现有理论，不免混淆了科学研究的重点。

（3）由于Popper对于归纳主义的不信任，导致了他对于科学实践的不当理解，比如：证伪主义以"结论真伪的无法确定"为由否认归纳主义存在的意义，未免有些过激。一些哲学家认为：即便如此，归纳的价值仍是不可否认的。

正是由于上述原因，Popper的证伪主义始终未能在科学哲学界成为主流思想。

5.5 科学的结构性整体理论

就在Popper的证伪主义在科学逻辑领域引发广泛思考的同时，Kuhn的《The Structure of Scientific Revolutions》在科学史领域又掀起了新一轮的高潮。在书中，Kuhn认为：科学并非以线性方式积累新的知识，而是经历着一次又一次的革命。这种革命被称为"范式的变迁"。在范式的变迁中，某一特定领域内科学研究的性质会在突然之间发生改变。

Kuhn认为：一门科学的发展需要经历以下三个阶段：

（1）科学产生之初的"预科学"阶段。此时，科学领域内往往缺乏一个中心范式。

（2）随之而来的是所谓的"常态科学"。在这个阶段，科学家通过解决领域内的问题建立了一个中心范式，并极力扩大这个中心范式。在"常态科学"阶段，科学家的研究发现一般都会受到当时的理论影响，他们的工作也常常处在一个概念化的范式内。为了维护既有的范式，科学家不断地为现有的理论增加新的前提和假设，与反对自己的一方展开激烈的辩论。即使一项研究发现并不符合这个范式，它也不会被看做是对这种范式的反驳，而仅仅会被看做是研究人员的失误。

（3）当"反常"的研究发现逐渐增多时，这种范式就会遭致猛烈的批判。这时，科学发展的第三个阶段"革命"到来了。一个新的科学范式即将产生，它将旧有的研究范式和所有

“反常”的证据一起带入到新的范式中。

5.5.1 理论应被看做是结构性整体

Kuhn 认为：一套理论应该被看做是一个“结构性整体”。

一方面，一套理论由一系列清晰且连贯的观点组成，是对当前科学观察的概括化和普遍化。历史表明：理论是在一定社会背景下发展起来的，当前阶段的观察为科学家提出了有待解决的问题。所以，在这个背景下所形成的理论的首要任务就是为这些观察结果提供解释和意义。

另一方面，科学发展的模式遵循：“预科学”→“常态科学”→“革命”。因此，在科学发展史上，一个时期的理论作为当时的中心范式往往以一个整体的面貌出现。一个范式与另一个范式之间的转变并非逐渐完成，而是在经历了激烈的争辩之后的跳跃式变迁。也正因为如此，不同的范式之间并不具有可比性。

5.5.2 方法的有效性依赖于研究纲领

一个与范式类似的概念是 Lakatos 提出的“研究纲领”。Lakatos 认为：科学家在同一“研究纲领”下开展研究工作。他们认同并共享一些基本假设，并在此基础上拓展科学理论和寻找新的科学发现。从这个角度讲，方法的有效性与当前研究采用的“研究纲领”密切相关。

“研究纲领”内的方法有效性是指：“研究纲领”的基本假设与方法论相容，支持方法论。比较理想的情况是：方法在它的“研究纲领”内有效，符合“研究纲领”的理论观点和实验要求。

“研究纲领”之间的方法有效性是指：不同“研究纲领”的基本假设对方法的支持程度。如果方法超出某一特定“研究纲领”，那么，它就无法仅遵从“研究纲领”内的有效性判定标准，而不得不寻求新的有效性判定标准。

5.5.3 理论的判定标准

在不同的范式（或者“研究纲领”）之间，人们可能需要一系列的标准来判定一套理论是否优于另一套理论，或者一个范式是否即将取代另一个范式。对此，可以根据以下的标准进行判断：

（1）预测的准确性，特别是定量预测。理论优劣的标准之一就在于它对于未来预测的准确性。对于未来的预测是科学发现的目标之一。如果一种理论能够比较准确地预测未来，那么人们就有理由相信它是一种相对优秀的备选理论。

（2）深奥与简洁的平衡。完全晦涩难懂的理论未必是一套优秀的理论。优秀理论的特征之一是既能够解决深奥的问题，又能够简洁地表达并呈现在人们面前。

（3）能够解决的问题数量。一种理论解决实际问题的数量多少是一套理论是否成熟的标志之一。理论能够解决的问题越多，越说明它有可能越接近事实真相，那么，也就越有可能成为一套优秀的理论。

（4）适用范围以及与其他专业的兼容性。严格地讲，没有任何一套理论可以适用于所有问题，这样的理论到目前为止还不存在。但是，另一方面，如果一套理论的适用范围越广，与其他专业的兼容性越强，那么，它就越有可能解决更多的问题，成为一套更好的理论。

5.5.4 对结构性整体理论的批判

自提出以来，“结构性整体理论”在给科学哲学带来全新观点的同时，也遭到了猛烈批评。

范式的不可比较性是“结构性整体理论”饱受批评的一个主要观点。Kuhn 在讨论范式的变迁时曾经断言：在新旧范式交替的过程中，旧有范式下的术语含义在新的范式下会发生改变。这种说法难免有些过于偏激。许多学者也因此提出了质疑，指出：同一术语在不同范式之间意义发生截然改变并不符合逻辑，也不符合事实。“术语意义改变”的观点使“结构性整体理论”陷入了相对主义的陷阱。

无论对于 Kuhn 的科学范式的变迁，还是对于 Lakatos 的“研究纲领”的成长，人们普遍的批评之一在于它们并没有提供一个在多种范式或“研究纲领”之间选择的标准。这一点就连 Lakatos 自己也承认：“有时候，只有在事后才知道一个‘研究纲领’是否真正在退化。”

5.6 小结

有效性的同义词包括：真实、真正、可信、合理、符合逻辑，以及具有牢固基础。因此，有效性研究意味着好的、高质量的研究。相反，有效性的反义词包括：无效、虚假、假冒，以及不合逻辑。因此，非有效性研究是缺少价值，甚至没有价值的研究。不同研究范式决定对有效性的不同理解。实证主义的有效性强调研究的内部有效性、外部有效性、可靠性，以及客观性。其中，内部有效性是指研究对因果陈述的支持程度。外部有效性是指研究结果能够适用于其他情况的程度。可靠性是表征研究发现可信性的重要方面。如果研究发现可以重复，那么，研究就是可靠的。客观性是指结论应建立在实际数据，而不是主观基础之上。解释主义的有效性主要表现在相对主义的本体论、相互影响的认识论、解释学观点，以及问答式方法四个方面。其中，相对主义的本体论认为：知识以多样和无形的精神构建为表现形式；建立在社会和经验基础之上；具有局部及特定的本质；现实是可以理解的；在任何绝对的意义上，构建都不是正确的；构建是可以被改变的。相互影响的认识论认为：学生与研究对象交互地联系在一起；研究发现一定程度上依赖于学生的价值观；知识产生于学生与研究对象间的交互中。解释学观点认为：易变及个性化是社会构建的本质；使用解释技术可以解释社会构建；最终目的是提取更经得起推敲的一致构建。问答式方法是指：研究的相互影响本质要求学生与研究对象对话；对话必须是问答式的；学生应将对概念的历史理解与批判和希望联系起来。

作为定量研究方法中的一种数据收集技术，测量有效性是指测量结果与研究对象特征和功能的吻合程度。有效性与吻合程度成正比。可靠性是有效性的必要条件。存在着三种主要的测量有效性：内容有效性、准则有效性：构建有效性。其中，内容有效性是指测量一个复合变量的所有子问题是否覆盖了被测量变量的所有方面。其检验方法是：请熟悉方法的专家重新审核所有涉及被测量变量的问题。准则有效性是指当测量得到的变量值能够与非心理的直接测量值相比较，或者与已被证明是有效的测量值相比较，并且比较结果一致时，测量得到的变量值是准则有效的。非心理的直接测量工具或者被证明是有效的间接测量工具被称为准则，或者效标。构建有效性是指产生于对"焦虑"、"固有倾向"等较为隐秘的心理概念的测量。在对概念的构建进行测量时，如果针对不同被测者得到的原始概念值能够解释与概念相符的行为，那么，测量就具有构建有效性。

所谓归纳，是指根据所观察到的事实以及结果或者结论产生普遍规则。归纳包括如下三个步骤：观察（积累研究经验和观察样本）、分析（获得基本规律和共性）、概括（系统判断所获得材料的规律和特点）。在上述归纳过程中，需要特别注意：形成概括基础的观察数目必须很大；观察必须在各种条件下能够重复；已被接受的观察不能与得到的普遍规律相矛盾。归纳推理从不产生确定性，它是一种概率推理，只能推出概率较高的结论。演绎是从已知规律推出未知结论的逻辑。在使用演绎推理时，谬误的结论往往是由于错误的前提导致的。归纳和演绎既相互依存，又相互补充。演绎源于归纳的概括总结；归纳得出的规律和理论的必然性需要演绎论证。科学理论不能由归纳得出，归纳只是猜想与否证的过程。归纳中加入推测和假想的目的是为研究寻找合理的解答。

证伪主义者认为：无法仅通过观察得出普遍性命题；观察可以帮助反驳或者证伪普遍命题；科学知识并非源于观察，而是始于猜测；永远无法断定一个理论、定律或者法则永恒为真；只有通过多次严格检验，理论才可能被小心接受。理论的构建过程是：科学家根据经验或者灵感提出猜想；在能够准确阐述或者预测某些行为时，猜想被接受，成为候选理论；在假说指导下收集数据，丰富和完善候选理论。科学的理论必须具有证伪能力。研究人员不断设计新实验，根据结果检验候选理论。如果结果与候选理论相符合，那么，候选理论继续生存。相反，如果不相符合，那么，就需要改进或者推翻候选理论。证伪主义存在以下缺陷：不充分的历史证据可能导致证伪的失效；一味反驳现有理论，混淆了研究的重点；以"结论真伪的无法确定"为由否认归纳主义存在的意义，未免过激。

科学的"结构性整体理论"认为：科学发展需要经历预科学（缺乏中心范式）、常态科学（建立并极力扩大中心范式；为现有理论增加前提和假设；与反对方展开辩论；不符合范式的发现被看做是研究人员的失误），以及革命（反常逐渐增多，范式遭致猛烈批判；将旧范式和反常带入新范式）三个阶段；理论应被看做是结构性整体（一套理论由一系列清晰且连贯的观点，也称为中心范式组成，它是对当前科学观察的概括化和普遍化；中心范式的首要任务是为观察结果提供解释和意义；范式之间的转变将经历跳跃式变迁，范式之间不具有可比性）；方法的有效性依赖于“研究纲领”（科学家在同一“研究纲领”下工作，认同并共享一些基本假设；“研究纲领”内的方法有效性是指基本假设支持方法；“研究纲领”之间的方法有效性是指不同“研究纲领”的基本假设对方法的支持程度；在方法超出特定“研究纲领”时，需要寻求新的有效性判定标准）；理论的判定标准包括：预测的准确性，特别是定量预测；深奥与简洁的平衡（既能够解决深奥的问题，又能够简洁地表达并呈现在人们面前）；能够解决的问题数量（数量越多就越有可能成为优秀的理论）；适用范围以及与其他专业的兼容性（适用范围广，与其他专业的兼容性强）。对“结构性整体理论”的批判主要包括两个方面：范式的不可比较性，同一术语在不同范式间意义发生截然改变不符合事实；没有提供在多种范式或“研究纲领”间选择的标准。

5.7 习题

（1）什么是有效性研究和非有效性研究？
（2）简述实证主义的有效性。
（3）简述解释主义的有效性。
（4）简述三种测量有效性。
（5）简述归纳的步骤和需要注意的问题。
（6）在演绎中，谬误的结论是怎样导致的？
（7）简述归纳和演绎的关系。
（8）简述对归纳主义的批判。
（9）简述证伪主义。
（10）简述理论的构建和生存。
（11）简述对证伪主义的批判。
（12）简述科学发展的三个阶段。
（13）如何理解“理论应被看做是结构性整体”？
（14）如何理解“方法的有效性依赖于研究纲领”？
（15）简述理论的判定标准。
（16）简述对结构性整体理论的批判。
（17）根据本章叙述，考虑自己研究的有效性。

第 6 章　撰写研究申请

内容提要

除非研究申请得到了导师以及学术委员会的认可，否则，学生的研究就不应进入执行阶段。另外，一旦研究申请得到了导师以及学术委员会的认可，它也将成为学生与导师以及学术委员会之间，甚至是客户以及研究资助人之间的“合同”。本章首先介绍了研究申请的作用。其次，概述了研究申请的结构。然后，指出了在撰写研究申请时应该注意避免的问题。最后，就研究的可行性问题进行了阐述。

本章重点

- 研究申请的作用
- 研究申请的结构
- 避免陷阱
- 研究的可行性

6.1　研究申请的作用

在很多的大学或者学院，学生都需要为计划中的研究项目撰写研究申请，以接受导师和学位委员会对于其是否具有研究价值以及研究是否可行的评价。通常，这样的评价至少需要包括以下方面：

（1）研究的主题；

（2）研究的目的和结果；

（3）研究拟使用的方法；

（4）研究的过程和里程碑。

由于以上方面是需要学生在研究申请中清楚表述的主要内容，因此，除非学生在研究申请中就上述内容的表述得到了导师以及学术委员会的认可，否则，学生的研究就不应进入执行阶段。除此之外，一旦研究申请得到了导师以及学术委员会的认可，它也将成为学生与导师以及学术委员会之间，甚至是客户以及研究资助人之间的“合同”。

6.2 研究申请的结构

尽管所有的研究申请都需要提供有关研究的一些特定信息，但是，并不存在有关研究申请结构的唯一标准。以下给出的也仅是通常研究申请中需要涉及的结构。

6.2.1 名称

研究申请的名称应该清晰简明，并尽可能避免使用英文缩写。以下是一些清晰简明的名称的例子：

（1）物流网路的构建、激励与调控研究；

（2）城市综合交通规划评价体系研究；

（3）散杂货港口商务智能系统研究。

6.2.2 绪论

在绪论部分，学生需要简要说明研究所涉及的一般领域和特定问题，研究主题的重要性以及现有的研究成果，研究中拟采用的研究方法，研究所涉及的主要约束和假设，以及研究的最终贡献等。总之，绪论为研究提供了完整的背景。

绪论中与研究主题相关的已有研究成果的文献综述将表明：学生的研究并非处在学术真空中，而是与目前受到普遍关注的研究领域和主题相关。文献综述还可以帮助学生将其对研究领域和主题的理解展示给导师和学术委员会，表明其了解将要研究的领域和主题的最新进展，熟悉与研究领域相关的其他研究主题。有关文献综述的详细介绍将在第 7 章“文献综述”中给出。

在绪论部分，学生还可以阐明自己是承担研究的最合适候选者，自己对于研究主题的认识，以及自己选择研究主题的原因。另外，在绪论中，学生还可以提供对于研究将要涉及的行业或者组织的概要介绍。

6.2.3 目的和目标

应该在两个层次定义研究取得的结果。在顶层，定义研究的目的（Aims）。所有研究都应该有一个希望达到的主要目的，学生的研究也不例外。如果学生对研究方向存在疑虑，他们可以通过参考研究目的以获得指导。研究目的在顶层确定了学生希望通过研究获得的最终结果，即研究目的是对研究目标（Objectives）的总称。以下提供了一个研究目的的例子：

研究目的：评价建模天气模式的人工智能技术。

为了达到研究目的，在底层，研究都包括一套研究目标，即：为了达到研究目的，为具有重要意义的步骤所设定的子目的。研究目标用于确定学生所希望达到的、特定的，并且是可以测量的结果。研究目标的最终实现将有助于研究目的的最终实现。由于研究目标是可以对研究的完成进行判断的定性或者定量的指标，因此，研究目标比研究目的更加精确。另外，研究目标通常还会以时间顺序出现，也就是说：研究目标还确定了学生的研究工作顺序。以下是对上述研究目的进行分解后得到的研究目标：

（1）识别并评价现有的天气模式建模技术；

（2）识别适合建模天气模式的人工智能技术；

（3）开发建模天气模式的人工智能系统；

（4）设计并开发建模天气模式的人工神经网络；

（5）将人工神经网络技术与其他现有的建模天气模式的人工智能技术进行比较。

通过研究目的和研究目标，学生可以帮助自己以及研究申请的评审人明确：学生希望通过研究获得的结果。研究目的和研究目标还可以被用来评价学生的最终研究，比如，学生真的取得了其所预期的研究结果了吗？正是由于上述原因，在研究申请中，研究目的和研究目标必须被清楚而不是模糊地定义。

6.2.4　创新点

在这部分，学生应该能够确定需要进一步研究的领域和问题。除非是对现有研究进行评价，否则，重复现有的研究是没有意义的。只有当研究领域和问题还没有得到充分研究时，它们才具有获得进一步研究的价值。这时，学生应该能够确定：自己的研究怎样能够弥补差距，或者至少能够在某一方面有所进展。也就是说，学生必须在这一部分强调自己的贡献，包括：理论、方法，以及技术等。

6.2.5　研究方法

这部分将明确学生执行研究拟使用的方法和技术。有关研究方法和技术的概要介绍和选择方法请参考本书第 3 章、第 4 章和第 5 章。

6.2.6　里程碑

里程碑是研究执行过程中帮助学生识别研究进展的参照点。利用里程碑可以帮助学生尽早确定：所执行的研究是否在按照预先确定的计划顺利推进。由于里程碑将引导学生走向研究的最终目的，因此，学生可以将其作为研究执行过程中的研究目标。

为了确定里程碑，学生应该将注意力集中在研究的分解结构上，并且，识别所有在研究执行过程中具有重要突破的关键阶段。最好是首先在分解结构的最高层次上执行这项工作，并且使用一些或者全部研究目标作为里程碑。然后，利用所确定的里程碑在较低层次确定将在研究过程中取得重要进展的区域。根据研究的规模不同，为研究所确定的里程碑数量也会有所不同。对于一个为期一年的研究，如果每个里程碑都代表了平均需要两个月完成的工作，那么，这项研究就需要六个里程碑。其中，最后的一个里程碑就是研究的目的，它标志着研究的最终完成。

6.2.7 结果

这部分需要明确在研究结束时学生希望获得的研究结果。研究结果可以是一篇包含特定观点或者给出了一定建议的学位论文或者研究报告，在有些场合也可以是一个章节段落、一段程序和用户文档，还可以是被开发用来解决特定问题的模型或者算法。

6.2.8 与客户协作

学生研究很可能是为组织分析或者解决一个实际问题。在这种情况下，与客户协作就应该受到鼓励，并且，这也很可能成为对学生研究的一项强制要求。如果情况确实如此，那么，学生就将拥有一个服务的组织或者个人，即客户。当然，客户最感兴趣的是自己的工作，而不是学生的学位论文。由于客户通常都处在较强的外部压力之下，因此，这很可能会导致其对学生研究支持的突然改变，比如，学生可能正在从事客户感兴趣并且提供了很大支持的研究，但是，如果这时客户急需向其他领域投入大量资源，那么，对学生研究的支持就很可能会被大量缩减。更有甚者，除了会要求撤回对学生的研究支持外，客户还会认为：他们必须以比学生的时间表更快的速度推进研究。在这种情况下，学生就需要尽力与客户协商，共同提出一个对双方都有益的方案。

针对上述情况，为了满足客户要求，学生可能需要在研究申请中提出与满足学位论文要求略微不同的研究结果。但是，无论如何，学生都应该始终牢记：虽然研究结果需要尽量满足客户要求，但是，可以被评审人所接受的学位论文一定要提供满足学术要求的显著分析和发现。

6.2.9 资源

在研究申请中，学生还需要明确提出研究所需要的任何资源，包括：人、财、物，以及数据等。如果学生已经获得了一些资源，那么，他们也应该将其在研究申请中清楚说明。如果学生无法获得研究所需要的任何一项资源，那么，这都将意味着：学生的研究申请很可能不被接受，比如，如果学生无法获得研究所需要的如期刊、书籍，以及学术报告等文献资料，那么，学生的研究就很可能是不合适的，这时，学生需要调整研究的关注点或者方向。同样地，为执行案例研究需要访问的特定研究对象也需要在研究申请中明确指出，如果不能得到研究对象的配合，研究就会变得非常困难，甚至不可行。当然，提出的研究申请也就很容易被评审人拒绝。

6.2.10　图形计划

由于研究计划强调了允许时间内的研究可行性，因此，在研究申请中展示研究计划是非常必要的。另外，研究计划还可以表明：学生已经对研究产生了一些想法，并且，为了完成研究，学生也已经形成了可以遵循的清晰路线。在研究申请中，展示研究计划的最好方法是使用如甘特图的可视化工具。虽然，使用图形表达研究计划非常重要，但是，学生应该尽可能地将这些图形限制在一张纸上，将研究计划分布在多张纸上将造成阅读困难。另外，对于研究申请来说，此时所需要的仅是对研究的总体概览，而不是详细的计划。有关研究计划的详细说明将在本书第 8 章“计划研究项目”中给出。

甘特图能够以图表形式清楚展示研究中每项活动的持续时间，以及同时执行的活动。甘特图将研究所涉及的活动表示为节点，每个节点的长度表示活动的持续时间。图中的横坐标代表研究中活动执行的持续时间，纵坐标代表研究中需要执行的活动。图中的每项活动则由与活动持续时间等长的横条表示。图 6-1 显示了使用 Microsoft Office Visio 绘制的，执行一项研究所需要的活动，以及活动的执行顺序和所需时间的甘特图。

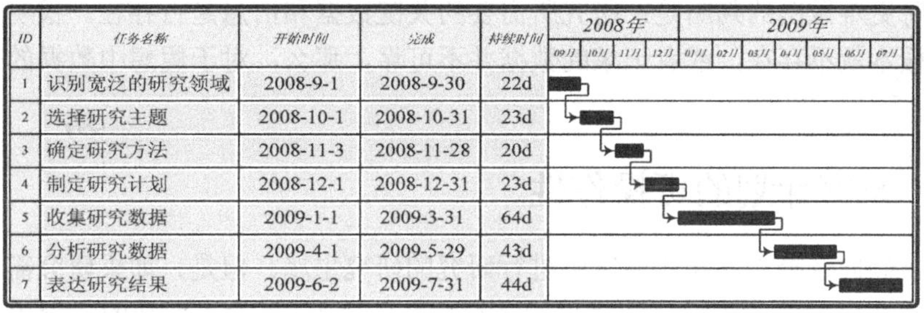

ID	任务名称	开始时间	完成	持续时间
1	识别宽泛的研究领域	2008-9-1	2008-9-30	22d
2	选择研究主题	2008-10-1	2008-10-31	23d
3	确定研究方法	2008-11-3	2008-11-28	20d
4	制定研究计划	2008-12-1	2008-12-31	23d
5	收集研究数据	2009-1-1	2009-3-31	64d
6	分析研究数据	2009-4-1	2009-5-29	43d
7	表达研究结果	2009-6-2	2009-7-31	44d

图6-1　执行一项研究的甘特图

6.3　避免陷阱

在撰写研究申请时，除了需要遵循上述的内容和结构之外，学生还应注意避免出现以下问题：

（1）研究主题的范围过大或者过小；

（2）缺少清晰的目标陈述；

（3）假设读者已经拥有特定领域的知识；

（4）缺少对研究领域和主题的背景介绍；

（5）使用了过多的技术术语；

（6）没有清晰的阶段规划；

（7）在研究目的、目标、计划，以及图形之间存在不一致；

（8）同步地执行研究活动。

6.4 研究的可行性

在 2.1 节“确定研究主题的过程”中已经指出：对于初步选定的研究主题，还需要进一步考虑其可行性，同时给出了需要考虑的六个方面。同样地，在撰写研究申请时，也需要从这六个相同方面考虑最终确定的研究是否可行。以下就是对这六个方面的概要说明。

6.4.1 数据和信息的可用性

以下将通过一名选择“跨国汽车企业在不同国家生产成本的变化”作为研究主题的学生的例子来说明“数据和信息的可用性”。虽然上述研究需要跨国汽车企业提供其在不同国家生产成本的详细信息，但是，绝大多数的跨国汽车企业通常都不愿意这样做。因此，在开始这项研究之前，学生就要确信：他一定可以获得所需要的数据。然而，对于学生来说，在撰写研究申请时更难做出的判断是：研究所需要的关键数据和信息是否存在。很明显，如果所需要的数据根本就不存在，或者记录的数据并不可靠，那么，对于假想中数据的分析也就无从谈起。

6.4.2 研究计划的可操作性

学生通常倾向选择能够在实验室中进行研究的研究主题。但是，如果研究需要学生进行现场实验，那么，学生就需要一定程度的客户协作，比如：“学术期刊的定价策略”可能被确定作为研究主题，但是，找到愿意将自己期刊的定价控制权交给学生的出版商通常是困难的。类似的困难还可能在进行调查时遇到，比如：学生可能希望研究特定地方政府内部成员或者官员之间的关系，很明显，在进行调查之前，学生必须获得接近研究对象，也就是特定地方政府内部成员或者官员的许可。否则，调查只能导致研究计划的完全失败。

6.4.3 完成研究的时间限制

通常，学生必须在有限的时间内完成研究。但是，总存在一些研究是在没有充分考虑可用研究时间的情况下提出的，比如：开发一种防腐漆可以成为研究的合适结果，但是，由于没有考虑对防腐漆防腐属性的评估时间，研究最终很可能超出学生的可用研究时间。另外，在可用研究时间内试图做太多工作是学生研究可能存在的另外一个问题。在确定研究主题之后，通过草拟一份表明在最后期限到来之前研究能够获得满意结果的研究计划是帮助解决上述问题的有效途径。

6.4.4　拥有研究所需要的技能

如果确定的研究主题仅需要使用学生已经拥有的技能，那么，有理由相信：学生的研究将更可能获得成功，比如：已经取得物理学学位的学生在物理学领域的继续研究就要比转向研究植物学取得满意结果的可能性更大。然而，一些情况下，为了更有效地研究某个主题，学生将不可避免地需要学习新技能，特别是在经常需要应用统计学、数学，以及计算机技能的社会科学研究中。因此，学生需要认真考虑其所确定的主题是否与他们已经掌握的技能相匹配，或者他们是否有时间在研究过程中学习所需要的新技能。如果对上述问题存在疑虑，那么，寻求导师的帮助是明智的。

6.4.5　足够的资金支持

很多学生研究失败的原因是由于缺少资源，特别是在学生本人是研究的主要资源时。在这种情况下，在研究开始之前解决研究所需要的资金问题就是必须的。学生的研究预算将被用来支付进行研究所需要的涉及交通、购买书籍，以及打印等的开销。但是，将研究预算用于支付购买昂贵的研究设备或者材料，或者无节制的交通和生活费则是不合理的。研究预算还可能涉及邮寄调查问卷等，因此，在最终确定研究主题之前，必须考虑到研究成本。如果在研究开始时没有能够预计到，并且及时地解决这一问题，那么，由于资金短缺造成不能完成特定研究活动就一定会对能够获得潜在成功的研究造成损害。

6.4.6　涉及的风险

作为最后一点，学生还应该考虑到任何可能造成研究不能顺利完成的风险。在 1.2.4 节讨论研究性质的时候曾经提到：基础研究在本质上要比应用研究更具风险性。因此，学生此时至少应该能够确定：他们是否可以承受所确定的研究主题的风险。

以上对研究可行性六个方面的论述最初针对的是全日制学生的研究。但是，除了需要较长时间对特定现象进行评价的纵向研究以外，上述的六个方面现在也适用于兼职学生。对于需要长时间进行的研究，兼职学生会更具有优势，比如：在英国，尽管绝大多数的大学和学院都希望其在职博士生能够在五年内毕业，并顺利获得学位，但是，只要学生能够经常性地提供有关研究进展的证据，并且没有涉及研究过时的可能性，那么，大学和学院通常都允许学生延长学习时间到最多十年。由于社会、经济，或者政治“实验”经常需要很长的评价时间，因此，涉及这些领域研究的学生很可能需要超过全日制学生可用的两年或者三年的更长时间以最终完成他们的研究。

通过对研究主题可行性及所涉及风险的系统思考，学生对所确定研究的目的以及可以采用的方法又进行了深入研究。如前所述，如果研究主题能够满足可行性要求，那么，学生就应该准备完成研究计划中的所有阶段。否则，他们就需要进一步细化研究主题，或者选择新的研究主题以避免将来发生灾难的可能。

6.5 小结

研究申请的主要内容包括：研究的主题；研究的目的和结果；研究拟使用的方法；研究的过程和里程碑。除非研究申请得到了导师以及学术委员会的认可，否则，学生的研究就不应进入执行阶段。另外，一旦研究申请得到了导师以及学术委员会的认可，它也将成为学生与导师以及学术委员会之间，甚至是客户以及研究资助人之间的“合同”。

尽管不存在有关研究申请结构的唯一标准，但是，通常的研究申请都需要涉及“名称”、“绪论”、“目的和目标”、“创新点”、“研究方法”、“里程碑”、“结果”、“与客户协作”、“资源”，以及“图形计划”。其中，名称应清晰简明，避免使用英文缩写。绪论应简要说明研究涉及的一般领域和特定问题；研究主题的重要性以及现有研究成果；研究中拟使用的研究方法；研究所涉及的主要约束和假设；研究的最终贡献。目的确定了研究的最终结果，而目标则是为达到目的所设定的子目的。相对于目的，目标更加精确，并通常以时间的顺序出现。目的和目标可以帮助评审人明确希望通过研究获得的结果以及是否取得了预期的结果。创新首先需要明确进一步研究的领域和问题。然后，弥补差距，或者在某方面取得进展，同时，强调自己的贡献，包括：理论和方法等。在研究方法中，需要明确执行研究拟使用的方法和技术。里程碑是帮助识别研究进展的参照点，并可以作为研究目标。在确定里程碑时，应将注意力集中在研究的分解结构上，首先在顶层识别具有重要突破的关键阶段，然后，在底层确定取得重要进展的区域。在结果部分，应该明确研究结束时希望获得的结果，包括：学位论文、研究报告、章节段落、程序和用户文档，以及模型或者算法等。与客户协作涉及为组织（客户）分析或解决实际问题。由于客户最感兴趣的是自己的工作，因此，客户很可能会突然改变对研究的支持。在这种情况下，一方面，应提出与学位论文要求略微不同的研究结果，另一方面，一定要提供满足学术要求的分析和发现。在资源部分应明确提出研究需要的任何资源，包括：人、财、物，以及数据等。清楚说明已经获得的资源。无法获得任何一项资源都可能使研究申请不被接受，这时就需要调整研究的关注点或者方向。研究计划不但强调了允许时间内的研究可行性，同时也表明已经形成了清晰的研究路线。最好使用图形展示研究计划。由于此时是总体概览，而不是详细的计划，因此应将图形计划限制在一张纸上。

在撰写研究申请时还应注意避免出现以下问题：研究主题的范围过大或者过小；缺少清晰的目标陈述；假设读者已经拥有特定领域的知识；缺少对研究领域和主题的背景介绍；使用了过多的技术术语；没有清晰的阶段规划；在目的、目标、计划，以及图形间存在不一致；同步地执行研究活动。

在撰写研究申请时也需要考虑最终确定的研究是否可行，包括：数据和信息的可用性，即：一定可以获得所需要的数据，如果数据不存在，数据分析也就无从谈起；研究计划的可操作性，即：倾向选择实验室中进行的研究主题，对于需要现场实验和调查等的研究则需要与客户协作；完成研究的时间限制，即：必须在有限时间内完成研究，研究计划是帮助解决问题的有效途径；拥有研究所需要的技能，即：研究主题应与已经掌握的技能匹配，否则，能够学习新技能；足够的资金支持，即：用于交通、购买书籍、打印，以及邮寄调查问卷等的研究预算，用于购买昂贵设备或材料，以及无节制的交通和生活费是不合理的；涉及的风险，即：是否可以承受研究主题的风险。

6.6　习题

（1）简述研究申请的作用。

（2）简述研究申请的结构。

（3）在撰写研究申请时应避免哪些问题？

（4）简述研究的可行性。

（5）根据本章叙述，参考附录一给出的研究申请例文，为自己确定的研究主题撰写研究申请。

第7章 文献综述

内容提要

鉴于文献综述在研究申请中所处地位的重要性，本章对其进行了系统深入的阐述。首先给出了撰写文献综述的目的。其次，围绕文献检索问题，就其中涉及的文献形式、追踪文献、文献检索技巧、反思文献检索模型，以及建立参考书目五个问题进行了阐述。最后，介绍了进行文献综述的四种具体方法，包括：抽取、记录和总结；填写和保留；良好的习惯；使用计算机管理。

本章重点

- 撰写文献综述的目的
- 文献检索
- 进行文献综述

7.1 撰写文献综述的目的

学生应该如何表达自己对于研究领域的理解，以及使用获得的文献撰写文献综述从而为研究奠定基础？作为本章论述的起点，以下给出了撰写文献综述的目的：

（1）了解研究领域的当前状况；

（2）强调被清楚识别或者忽视的研究可能性；

（3）细化研究问题和目的；

（4）避免重复他人已有的工作；

（5）找出对研究有帮助的研究方法和技术；

（6）形成学生自己的批判性观点。

基于上述目的，文献综述应该提供描述研究主题的一致观点，而这样的观点不但可以通过参考研究领域过去和现有的文献获得，并且还将涉及对于已经识别的研究遗漏和偏见的讨论。另外，如果仅是阅读和消化与研究领域相关的文章和书籍，在取得上述目标时学生还将面临一定困难。只有在阅读和消化的基础上，再通过对相关文献的批判性评价和理解才可能撰写出高质量的文献综述。

在没有参考相关领域现有文献之前，学生不可能写出文献综述。参考文献应该被应用在学位论文中的适当地方以支持学生的观点，而不应该仅被用来增加学位论文的页数，证明学生已经阅读，或者至少是已经获得了一些关键文献。

不存在特定的、完全适用的规则可以被用来撰写高质量的文献综述。学生只有通过实践，通过阅读现有文献中好的文献综述的例子才可能使自己撰写文献综述的水平真正得到提高。

在撰写文献综述时学生应该始终牢记：

（1）文献综述不是简单地列出所有已经阅读过的相关或者无关的文章和书籍的报告，学生应该对其所阅读的文章和书籍有所选择；

（2）在文献综述中，一定不要顺序地使用一页或者一段仅报告一篇文献内容的方式。这样的文献综述更像是一份“待售家具清单”，无论制造家具的技术如何，每一件家具都在清单中占据一段文字。

7.2　文献检索

文献检索就是系统地收集与研究主题相关的公认文献。这里，有必要对上述定义中的两个术语进一步展开说明。

首先是定义中的“系统”两字。所谓“系统”是指：文献检索不应以随机的方式，而应以结构化和专业的方式进行。学生阅读所有文献的最终结果只能是厌倦和浪费时间。因此，将精力集中在与研究主题相关的文献上是非常重要的。通常，在刚开始进行文献检索时，学生在确定文献的相关性方面会遇到困难。但是，随着文献检索过程的反复循环执行，学生的注意力也将逐渐转向特定的研究主题。

第二个需要说明的术语是定义中的“公认”两字。“公认”意味着：学生检索的文献应该是已接受过检验的。换句话说，检索的文献不应是学生碰巧在走廊里的对话，或者网页上下载的一段文字中获得的个人观点。已接受过检验的文献应该是在出版前经过领域专家评阅，在学术上确实具有一定价值的文献。

除了上述定义，学生还需要了解与文献检索相关的以下五个问题：文献形式、追踪文献、文献检索技巧、反思文献检索模型，以及建立参考书目。

7.2.1　文献形式

文献通常会以各种不同的形式存在。一方面，其中的一些形式会比另一些形式更容易获得。另一方面，其中的一些形式也会比另一些形式更具有学术价值。以下是对文献检索中可能遇到的一些主要文献形式的总结。

1．书籍

书籍或许应该成为文献检索的起点，因为，它不但可以为学生提供良好的领域知识基础，而且还能够为学生提供所确定研究主题的领域概览。但是，书籍也存在以下不足：首先，其中的领域知识很可能已经过时。其次，所提供的内容很可能已经不再与所确定的研究主题密切相关。最后，由于书籍通常是为不同读者编写的，因此，其中的一些内容技术性可能会很强。然而，无论如何，学生都应该相信：书籍不但能够为研究提供足够的细节，而且还能够为其他文献的检索提供线索，可以为文献搜索提供合适的基础。

2. 期刊

期刊中通常包括讨论某一领域最新问题的文章。在刚开始阅读期刊里表达研究领域当前问题和发展的文章时，学生很可能会感到畏惧。因此，在试图通过期刊文章调查研究领域的最新发展和理论之前，使用书籍建立起对于所确定研究领域的基本理解是一个不错的选择。另外，由于期刊文章还倾向于具有较强的专业性，关注特定研究主题细节方面的发展，因此，学生还会发现：一篇期刊文章中通常只有部分内容适合学生的研究需要。随着文献检索的进行，学生还将发现：伴随着对研究领域理解的不断深入，他们将越来越多地使用期刊文章。在文献综述完成之后，他们会发现：文献综述中给出的绝大部分参考文献都是表达所在领域最新思想的期刊文章。

3. 会议论文集

会议论文集中包含了在国内或者国际会议上发表的文章。会议论文集中的文章质量参差不齐。有些会议根本就不会被提及，而另一些会议中却汇集了某一领域国际知名专家的最新发现。有时，在会议论文集中能够找到比在期刊文章中更新的思想。同时，会议论文集中也会发表一些还不成熟的初步研究成果。

4. 光盘

目前，越来越多的文章被以光盘的形式出版。但其实，光盘只是以一种更加容易和方便访问的方式表达来自其他文献形式的信息，比如：书籍、期刊文章，以及会议论文集等。

5. 公司报告

公司报告能够为案例研究提供有价值的信息。但是，由于对公司的偏好可能会造成主观偏见，学生在使用它们时必须非常小心。同时，在公司报告中也可能会包含一些学生不能使用的信息，因为公司不希望将这些信息公之于众。

6. 学位论文

学位论文是指学生为了获得学位而撰写的博士论文、硕士论文，以及本科论文。学位论文不但全面表述了学生的研究工作，而且还提供了学生在特定领域的贡献。它们不但可以提供相关领域现有研究的最新思想，同时，还能够提供有用的参考文献来源。对于学生来讲，学位论文还能够提供有关学位范围和要求的描述。由于学位论文仅被保存在被授权的大学或者图书馆，因此，尽管学生通常可以通过大学图书馆，或者馆际互借的方式得到它们，但是，一些学位论文对于学生来说仍然会比较困难得到。

7．手册

特别是在技术性研究中，手册是一种非常有价值的信息来源，比如，如果不能访问相关的技术手册，一些研究就可能根本无法执行。但是，学生应该牢记：手册无论如何都不能与提供所在领域当前最新研究成果的学术文章相提并论，并且它也不适合作为学位论文中进行学术讨论的基础。

8．软件

研究中需要使用的所有软件，比如，工具软件以及可重用组件等。学生应该尽可能早地获得研究所需要的各种软件，因为，他们一定不希望在研究进展到一半时才发现：需要使用的软件不再可用，或者价格过于昂贵。在撰写完成研究申请的时候，学生可能已经找到了部分软件，但是，尽快地获得它们才是最重要的。可以用于追踪相关软件的来源包括：互联网（使用关键词检索以及访问软件公司的网站）、当地的软件公司以及专业组织，比如，计算机协会和研究所等。

7.2.2　追踪文献

以上介绍了文献表达的几种主要形式，但是，学生怎样才能够实际追踪到上述以不同形式出现的文献呢？对于学生来说，文献检索的最好出发点就是其所在大学和学院的图书馆。除了联机公共查询目录（OPAC，Online Public Access Catalogue）以及各种电子数据库之外，学生还应该充分发挥知晓追踪图书馆特定文献最有效方式的主题专家图书管理员的作用。另外，互联网、导师，以及参考文献也是经常被用来追踪文献的主要方式。

1．联机公共查询目录

当前，绝大多数的大学和学院都提供有对其所在图书馆进行文献检索的 OPAC。OPAC 提供了一种效率比传统手工或者微缩胶片高很多，并且可以通过作者姓名、文献标题，以及关键词等信息进行检索的方式。如果所在图书馆拥有这样的系统，那么，学生就应该学会使用这种系统。学生还可以通过互联网访问到其他的 OPAC，比如，中国国家图书馆的 OPAC 就可以通过网址 http://www.nlc.gov.cn/访问到，而大部分英国大学图书馆的 OPAC 则可以通过网址 http://copac.ac.uk/copac/访问到。

2．电子数据库

随着信息技术的快速发展，越来越多的书籍、学位论文、期刊，以及会议论文集等被以电子文档的形式存入各种电子数据库中，这样，只要学生所在的大学和学院图书馆购买了这些电子数据库的使用权，学生就可以通过校园网方便地访问到这些电子数据库，进行文献的检索和下载，比如，提供中文文献的电子数据库主要包括“中国学术期刊全文数据库”、“维普中国科技期刊数据库”、“万方中国学位论文数据库”，以及“方正电子图书数据库”等。

提供英文文献的电子数据库主要包括“Web of knowledge”、“Ei Compednex Web”，以及“Elsevier Science”等。

3. 主题专家图书管理员

主题专家图书管理员也能够为学生在文献检索方面提供很大帮助。由于主题专家图书管理员是特定领域的专家，拥有大量研究经验，知道值得阅读的文献，因此，他们不但能够为学生在文献检索方面提供大量建议，而且还能够告诉学生：研究主题当前的研究状况、研究热点，以及现有研究成果等重要信息。

4. 互联网

互联网绝对是追踪文章和信息的有用工具。在这里，互联网指的是利用浏览器（比如，Netscape Navigator 或者 Microsoft Internet Explorer）访问网站。当在互联网上查找特定文献的时候，使用搜索引擎是高效的方式。目前，三个主要的搜索引擎分别是谷歌、雅虎和百度。对于追踪信息有用的其他网站还包括由文献出版商创建的网站，比如，出版大量期刊的Elsevier。Elsevier 还提供了一种通过电子邮件向研究人员发送感兴趣的最近期刊内容的服务。Elsevier 的网站地址是：http://www.elsevier.com。通过与互联网连接，学生还可以访问邮件列表以及新闻组。邮件列表是由邮件列表服务器提供的，建立邮件列表服务器的目的是为了处理特定的主题或者兴趣组。通过向邮件列表服务器提交电子邮箱地址以及感兴趣的主题，学生将被加入到邮件列表中。之后，学生就会收到来自具有相同兴趣主题的其他学生的邮件。邮件列表通过学生向邮件列表服务器提交评论、问题，以及观点等，然后，由邮件列表服务器将所提交的消息转发给邮件列表中的每一个学生的方式运作。被转发的消息可能是被选择过的（有人预先检查），也可能是没有被选择过的（所有消息都被转发）。新闻组类似于公告牌或者布告牌，覆盖了从特定学科领域到一般兴趣讨论组的宽广范围。访问新闻组最一般的方法是通过互联网浏览器。互联网服务提供商或者大学的计算机服务部门（如计算中心）可以向学生提供在本地访问新闻组的建议。

5. 导师

在文献检索过程中，导师对于提升文献检索的质量将发挥重要作用。由于导师通常具有与学生相同或者接近的研究领域，因此，导师通常都知道特定研究领域或者主题的关键文献和知名人物，学生可以因此节省大量前期工作。即使导师对学生感兴趣的研究主题知之不多，他们也能够根据所积累的学术经验告诉学生能够检索到合适文献的可能方式和场所。

6. 参考文献

特别是在文献检索阶段阅读文献时，学生还可以通过查看通常位于文献结尾部分的参考文献来追踪文献。通过这种方式，学生将能够从所阅读的每篇文献的参考文献中获得进一步检索的有用信息，了解研究领域内活跃着的研究团队，知道研究领域里有影响的人物以及重要的学术会议和期刊。

7.2.3　文献检索技巧

除了以上介绍的主要文献形式以及追踪文献的主要方法之外，以下给出了在进行文献检索时可以使用的一些技巧：

（1）在进行文献检索时，记录感兴趣的引语及其出现的参考文献；

（2）使用综述性文章和书籍帮助检索；

（3）从开始时就正确地标注参考文献；

（4）根据研究计划，以及设定的研究边界准确把握适时停止文献检索的时机；

（5）拥有对已阅读文献进行组织和编目的系统；

（6）阅读研究领域公认的权威以及原创理论家的著作；

（7）在集中检索前先进行广泛检索。切忌直接检索研究领域最新、最复杂的文献。

7.2.4　反思文献检索模型

图 7-1 给出的反思文献检索模型显示：由于文献检索是一个持续贯穿整个研究的过程，因此，在整个研究过程中，学生需要不断返回研究领域，进行检索和反复阅读，补充随着研究推进日趋明显相关的研究文献和领域。文献检索反思方法是最有用的文献检索方法，因为，随着新的文献来源或者研究思想变得愈加清晰，它能够使学生经历一个由计划、行动、记录和反思组成的文献检索循环。

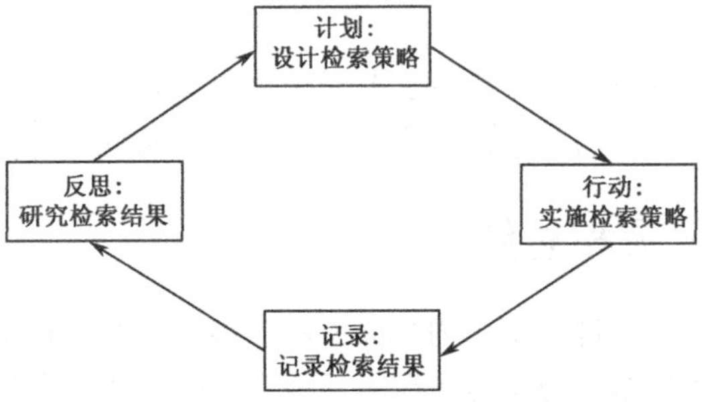

图7-1　反思文献检索模型

7.2.5　建立参考书目

学生应该将文献检索的结果整理成为参考书目。总有一天，部分或者全部的检索文献将被编辑成为学生学位论文或者期刊文章中的参考文献。因此，为了简化参考文献的编辑，学生应该遵循一定的标准将所有的检索文献记录下来，以形成参考书目。表 7-1 给出了参考书目中对于每篇检索文献进行记录时通常应该包括的信息。

表 7-1　记录检索文献时通常应该包括的信息

作者/编者	
文献类型：书籍/期刊文章/学位论文	
书籍	期刊文章
标题	标题
版次	期刊名
页数	卷
出版社	期
出版地	页码
出版日期	年

除了以上信息，如果学生还能够在参考书目中提供有关检索文献的以下两方面信息会更好：

（1）概括检索文献内容的关键词；

（2）其他补充信息，比如，拥有检索文献的图书馆，学生对于检索文献的观点，来自检索文献、将来可能被学位论文使用的“引语”，以及为特别有用的检索文献撰写的简短摘要等。

7.3　进行文献综述

文献检索的最主要目的就是为了进行文献综述。以下将介绍涉及文献综述的具体方法，包括：抽取、记录和总结，填写和保留，良好的习惯，以及使用计算机管理四个方面。

7.3.1　抽取、记录和总结

虽然学生可以在版权法允许的范围内影印文献，但是，在进行文献综述时，他们需要的是对文献的抽取、记录和总结。为了迅速有效地进行文献综述，学生可以尝试使用以下称为“调查、提问、阅读、书面记录，以及综述（Survey，Question，Read，Recite and Review）”的方法：

（1）调查。快速浏览文献；

（2）提问。文献涉及的领域和问题；

（3）阅读/重新阅读。阅读整篇文献/在必要的时候，重新并仔细地阅读；

（4）在调查过程中识别出的关键标题下做笔记，记录所有需要进一步检索的文献；

（5）归纳主要观点并指出来源文献；

（6）对上述笔记进行细化，用彩笔对主要思想和观点进行标识；

（7）整理笔记和观点；

（8）综述。快速回顾文献，同时问自己：是否已经抓住了文献中最主要的观点，是否已经获取了研究需要的所有内容？是否已经正确记录了所有文献？所有的引语是否都正确？是否有遗漏的内容？

7.3.2 填写和保留

学生需要在卡片索引或者计算机上填写并保留完整的文献信息。7.3.4 节将会对在计算机上保留完整的文献信息进行概要说明。

7.3.3 良好的习惯

在进行文献综述时，学生还需要养成以下良好的习惯：

（1）对文献检索和综述进行随时更新；

（2）返回关键文献进一步调查出现的关键问题；

（3）全面记录搜索到的所有文献；

（4）详细描述和使用所有发现的观点，并提出自己的观点；

（5）保存检索到的文献。

7.3.4 使用计算机管理

学生可以使用软件工具帮助管理文献信息。其中，最简单的软件是记事本（Notepad）。就像使用 Word 文档一样，学生可以通过将文献信息输入到记事本中对其进行管理。另一个著名的文献管理软件是 Endnote。使用它，学生可以通过建立适合特定研究的，包括主题、问题、方法论，以及方法等的标题列表系统地管理文献信息。

学生在获得文献后应尽快阅读，并为文献分配标题，这样，不仅完成了对文献的记录，而且，还可以在今后需要的时候根据标题方便地找到文献信息。可以考虑使用下面的标题：

（1）作者；

（2）文献名；

（3）方法；

（4）关键词；

（5）出版日期。

学生需要将上述标题与文件管理系统（如 Windows 操作系统下的资源管理器）联系起来，这样，在被询问时，系统就可以根据上述标题显示已经搜集到的文献信息。

7.4 小结

撰写文献综述是为了：了解研究领域的当前状况；强调被清楚识别或者忽视的研究可能性；细化研究问题和目的；避免重复他人已有的工作；找出有帮助的研究方法和技术；形成自己的批判性观点。一方面，没有参考现有文献不可能写出文献综述。另一方面，只有通过实践，阅读好的例子才可能提高撰写水平。此外，在撰写文献综述时还应该始终牢记：应该有选择地阅读文章和书籍；不要顺序地使用一页（段）仅报告一篇文献的方式。

文献检索是指系统地收集与研究主题相关的公认文献。所谓“系统地”是指以结构化和专业的方式检索。所谓“公认”是指文献已经接受过检验。文献检索中可能遇到的主要文献形式包括“书籍”、“期刊”、“会议论文集”、“光盘”、“公司报告”、“学位论文”、“手册”以及“软件”。其中，书籍不但可以提供领域知识基础和概览，同时还能够提供其他文献的检索线索。但是，书籍所提供的领域知识很可能已经过时；内容不再与研究主题密切相关；内容的技术性可能会很强。期刊通常包括讨论领域最新问题的文章。在阅读期刊文章之前建议先阅读书籍。通常，只有期刊文章的部分内容适合研究需要，而文献综述中的绝大部分参考文献则最好是期刊文章。会议论文集包含了国际会议上发表的文章。虽然文章的质量参差不齐，但是，却能够找到比期刊文章更新的思想，同时，也会发表不成熟的初步研究成果。现在，越来越多的文章被以光盘的形式出版，以更加方便访问的方式表达了其他文献形式的信息。一方面，公司报告能够为案例研究提供有价值的信息。另一方面，它也存在着由于对公司的偏好所造成的主观偏见，以及包含不能使用的保密信息两项缺点。学位论文包括博士论文、硕士论文，以及本科论文。它们全面表述了学生的研究工作，提供了学生在特定领域的贡献，研究的最新思想和有用的参考文献来源，以及有关学位范围和要求的描述。学位论文一般仅被保存在被授权的大学或者图书馆里，因此，一些学位论文的获得会比较困难。虽然手册是技术性研究中非常有价值的信息来源，但是，它却不能与学术文章相提并论，不适合作为学术讨论的基础。应在研究中尽早获得所需要的各种软件。追踪软件的来源包括互联网、软件公司，以及专业组织等。追踪文献的主要方式包括：联机公共查询目录、电子数据库、主题专家图书管理员、互联网、导师和参考文献。其中，联机公共查询目录是用于对图书馆进行文献检索的计算机工具，比传统手工或者微缩胶片效率高很多，可以通过作者姓名、文献标题，以及关键词等信息进行检索。随着信息技术的快速发展，越来越多的文献被以电子文档的形式存入各种电子数据库中，这样，学生就可以通过校园网方便地访问这些电子数据库，进行文献的检索和下载。主题专家图书管理员可以提供文献检索建议，并告之当前研究的状况、热点，以及现有成果等。通过互联网进行文献追踪包括使用搜索引擎，访问文献出版商网站，以及使用邮件列表和新闻组三种主要形式。由于导师知道关键文献和知名人物，并可能告知可能的检索方式和场所，因此，导师也是一种重要的文献追踪方式。最后，通过追踪参考文献，可以了解到研究领域活跃的研究团队、有影响的人物，以及重要的学术会议和期刊。进行文献检索还存在着以下技巧：在检索时记录感兴趣的引语及其参考文献；使用综述性文章和书籍帮助检索；从开始时就正确地标注参考文献；根据研究计划和边界适时停止文献检索；拥有对文献进行组织和编目的系统；阅读公认权威以及原创理论家的著作；在集中检索前先进行广泛检索。反思文献检索模型显示：由于文献检索是一个持续贯穿整个研究的过程，因此，学生需要不断返回研究领域，进行检索和反复阅读，补充日趋明显相关的研究文献和领域，经历由计划、行动、记录和反思组成的文献检索循环。为了简化参考文献的编辑，应该遵循一定标准将文献检索的结果记录下来，形成参考书目。

为了迅速有效地进行文献综述，学生可以尝试使用“调查、提问、阅读、书面记录，以及综述”方法：调查（快速浏览文献）；提问（文献涉及的领域和问题）；阅读/重新阅读（阅读整篇文献/必要时重新仔细阅读）；在关键标题下做笔记，记录进一步检索的文献；归纳主要观点并指出来源文献；对上述笔记进行细化，标出主要思想和观点；整理笔记和观点；综述（快速回顾文献，同时问自己：是否已经抓住了文献的最主要观点；是否已经获取了研究需要的所有内容；是否已经正确记录了所有文献；所有的引语是否都正确；是否有遗漏的内容）。学生需要在卡片索引或者计算机上填写并保留完整的文献信息。进行文献综述应养成以下良好习惯：对文献检索和综述进行随时更新；返回关键文献进一步调查出现的关键问题；全面记录搜索到的所有文献；详细描述和使用所有发现的观点，并提出自己的观点；保存检索到的文献。应该使用计算机软件工具帮助管理文献信息。常用的软件工具包括记事本、Word，以及 Endnote。在进行文献管理时，可以使用作者、文献名、方法、关键词，以及出版日期等作为标题。

7.5 习题

（1）简述撰写文献综述的目的。
（2）什么是文献检索？简述主要的文献形式。
（3）简述追踪文献的主要方式。
（4）简述进行文献检索的技巧。
（5）简述反思文献检索模型。
（6）简述参考书目的内容。
（7）简述进行文献综述的调查、提问、阅读、书面记录，以及综述方法。
（8）简述进行文献综述的良好习惯。
（9）学习使用 Word 或者 Endnote 管理文献。
（10）根据本章叙述，对之前撰写的研究申请中的文献综述部分进行完善。

第 8 章　计划研究项目

内容提要

通过计划，学生不但可以识别期望的研究路线，预见研究中可能出现的风险，还可以对整个研究过程进行有效控制。本章首先概述了研究计划的目的。然后，详细介绍了典型的计划过程，包括“确定研究目的”、“确定并列出活动”、“对活动进行排序”、“绘制网络计划”、“估计活动时间”、“通过时间分析网络”、“检查资源”，以及“重新计划”八项活动。

本章重点

- 研究计划的目的
- 典型的计划过程

8.1　研究计划的目的

简单地讲，这一章就是要为学生提供一个计划自己研究项目，提前意识到在研究过程中可能遇到的严重困难的工具。更进一步地讲，这一章的目的还在于能够为研究提供一种激励机制。通过制定研究计划，学生可以在研究过程中切身体会到自己正在实现着预先设定的目标。经验表明：成功地完成研究的每个中间阶段是最终成功完成整个研究项目的最好方法。

通过计划，学生不但可以识别期望的研究路线，并且还可以预见研究中可能出现的潜在风险。更重要的是：计划还可以帮助学生对整个研究过程进行有效控制。计划不是对研究可能涉及内容的无序堆积，而是一个经过综合分析，能够对研究进度进行评价的活动时间表。同时，需要特别指出的是：这里所说的计划并不涉及研究的本质，而仅涉及对研究项目的管理。它由一些在研究项目结束之前必须完成，却又明显不同且相互联系的阶段或者活动组成。尽管不同活动的重要性不同，但是，理想情况下，每个活动都需要说明其将要发生的时间。

综上所述，制定研究计划的目的主要包括：

（1）明确目的和目标；

（2）确定活动间的依赖关系和顺序关系；

（3）出于评审和进度检查的目的，确定关键点或者里程碑；

（4）出于在里程碑进行测量、控制和调整的目的，估计执行每项活动所需要的时间；

（5）确保资源的可用性和有效性；

（6）提供按时成功完成研究的管理指导；

（7）在应急预案中调整研究活动，确定其他解决方案。

如果认为上述有关计划目的的列表过于详细，那么，无论如何，学生都应该牢记：首先，能够用于研究的时间和资金越少，就越需要详细的计划。其次，在任何研究项目中，学生所能够拥有的时间通常都是最为宝贵的资源。进一步地讲，只要研究中所涉及的活动不是例行公事，那么，在可能遇到困难的地方都需要进行计划。

8.2 典型的计划过程

这一节将以社会科学领域学生广泛采用的，根据问卷调查结果进行假设检验的例子说明典型的（网络）计划过程。

无论研究处在哪个层次，也无论其到达了哪个阶段，典型的（网络）计划过程都需要经历以下活动：

（1）确定研究目的；

（2）确定并列出活动；

（3）对活动进行排序；

（4）绘制网络计划；

（5）估计活动时间；

（6）通过时间分析网络；

（7）检查资源；

（8）重新计划。

8.2.1 确定研究目的

由于表 8-1 中的很多活动都将受到研究目的的影响，因此，在研究开始时，学生就应该明确他们的研究目的。本节的例子假设：学生的主要研究目的是在社会科学研究中找到一份工作，而作为最初三个月的研究结果，在撰写完成的研究申请中应该为研究确定如下目标：

（1）从事具有较大研究潜力的工作；

（2）熟悉社会科学研究中的一些基本常用工具，包括：开展调查、在调查分析中应用统计学知识，以及使用计算机对调查数据进行处理；

（3）在全日制情况下用两年半（约 130 周）的时间完成硕士论文。

从表 8-1 中可以看到：目标（2）中的基本常用工具在一些活动中得到了体现。但是，由于各种原因，如果分析表明目标（3）无法得到实现，那么，就需要重新计划。

8.2.2 确定并列出活动

接下来，学生需要确定所列出活动的粒度。这取决于研究项目的持续时间，以及项目当前所处的阶段。在硕士生从事的研究项目中，制作一张类似表 8-1 所示粒度的活动列表不应该有太大困难，并且，它也能够满足整个研究项目的需要。但是，如果学生在为持续时间如此短暂的项目起草活动列表，或者估计他们将要在项目上所花费的时间时也会遇到困难的话，那么，这很可能意味着：研究项目涉及太多的不确定性，需要被重新定义。

表 8-1 一个社会科学领域学生研究项目的活动列表

活动编号	活动描述	缩写	估计持续时间（周）
1	书面表达概念和理论	概念和理论	3
2	设计探索研究的调查问卷初稿	调查问卷初稿	6
3	完成探索研究的调查问卷终稿	完成调查问卷	1
4	确定分析调查结果的方法	确定分析方法	4
5	选择探索研究参加者	选择探索研究参加者	4
6	学习数据统计技能	学习数据统计技能	8
7	参加使用标准计算机软件的课程	参加计算机课程	6
8	撰写早期论文章节的初稿	撰写早期章节	9
9	实施探索研究	实施探索研究	4
10	评审探索研究	评审探索研究	3
11	准备调查问卷	准备调查问卷	4
12	确定目标总体和样本细节	确定目标总体	4
13	实施调查	实施调查	12
14	计算机处理数据	处理数据	6
15	解释计算机输出	解释输出	6
16	评价调查结果的性质和范围	评价调查结果	4
17	撰写会议论文	撰写会议论文	4
18	将研究发现与已有的概念/理论/假设联系起来	联系发现	6
19	确定并实施进一步的分析或研究	确定未来研究	12
20	完成章节初稿的撰写	完成初稿撰写	15
21	评审和编辑论文	评审和编辑	10
22	修改并装订论文	修改论文	4
23	准备答辩	准备答辩	2
24	考虑休假、工作面试、健康和一般意外	意外考虑	24

但是，对于博士生从事的研究项目，通常却需要多次检查研究项目的计划过程。并且，在项目开始时适当的活动粒度还会与确定了研究主题之后，以及研究项目正在顺利推进时所需要的活动粒度有很大不同。因此，在项目刚刚开始时，诸如以下的活动列表是可以被接受的，因为它充当了早期阶段监控整个项目进展，以及揭示在确定研究主题之前学生仍然没有掌握的知识基础。

（1）参加布朗教授的讲座；

（2）参加“Smalltalk 入门”课程；

（3）确定一个研究主题；

（4）草拟研究申请；

（5）开始研究。

需要指出的是：表 8-1 是一个典型的活动列表，它由多种不同性质的活动组成，包括：目的性活动，比如编号为 17 的活动“撰写会议论文”；准备性活动，比如编号为 6 的活动“学习数据统计技能”；专门性活动，比如编号为 13 的活动“实施调查”，以及出于健康考虑而与研究不直接相关的其他活动，比如编号为 24 的活动“意外考虑”等。由于最后一类活动的任何部分都可以作为“意外考虑”加入到任何活动的估计持续时间中，具有一定的灵活性，因此，学生没有在表 8-1 中安排任何休假，以此激励自己提前完成列表中的所有其他活动。当然，在所有其他活动都如期完成后，节省下来的时间就可以被安排用来休假。

有时也会出现这样的情况：通过对活动的微调，可以在很大程度上降低使研究陷入严重问题的风险。比如在本节的例子中，虽然学生对调查问卷的反馈率持有很高的预期，但是，他们仍然可以在反馈率远远低于预期的情况下向更大的样本空间投放调查问卷。另外，为了能够检测出最终反馈结果中可能存在的任何偏见，学生还可以在调查问卷中额外地加入一些特征。一方面，以上两种做法都不会对相应活动所需要的时间产生明显影响。另一方面，其中的一种甚至两种做法还能够在很大程度上降低由于较低的反馈率，或者由于没有被发现的、带有严重偏见的反馈所导致的失败风险。

8.2.3　对活动进行排序

对活动进行排序的基本方法是用方块代表活动，用连接代表活动的方块间的箭头表示活动的发生顺序。根据上述基本方法，对图 8-1 的解释如下：

（1）A 活动必须在 B 活动开始前结束；

（2）B 活动必须在 D 活动开始前结束；

（3）C 活动必须在 D 活动开始前结束；

（4）A 活动和 C 活动可以同时开始。

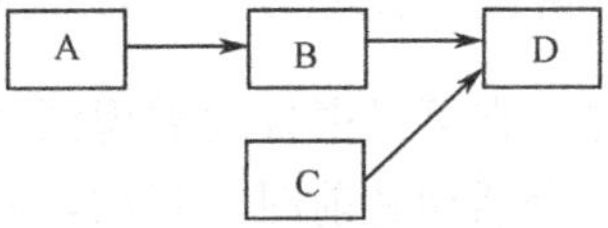

图8-1　活动排序示例

8.2.4　绘制网络计划

图 8-2 显示了对表 8-1 中所有活动进行排序后绘制的网络计划。需要说明的是：在图 8-2

中，整个项目以里程碑 M4 为界限被划分为两个阶段。其中，阶段 1 又分别以里程碑 M1，M2 和 M3 为界限被划分为四个子阶段，分别是：“前期准备”、“研究设计”、“数据收集”，以及“初步分析”。阶段 2 又分别以 M5 和 M6 为界限被划分为三个子阶段，分别是：“最终分析”、“学位论文准备”，以及“论文答辩”。

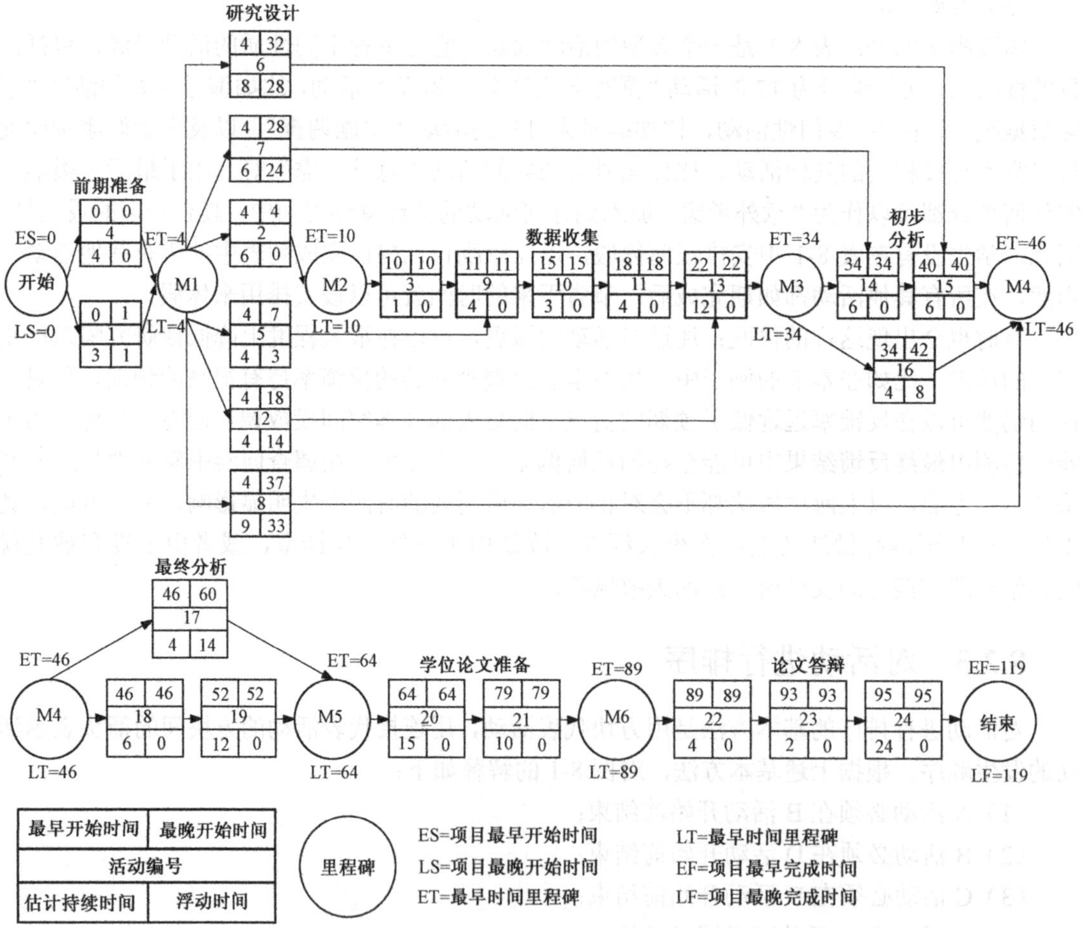

图8-2　对所有活动进行排序后绘制的网络计划

使用网络计划的优点是：首先，它可以很好地展现活动之间的内在联系，特别是在需要明确表示一个活动必须发生在另一个活动之前时。其次，网络计划还可以提醒学生，避免忽略完成项目所必须的活动。最后，网络计划中的平行路径暗示了可以在项目中同时执行多项活动的关键点，比如：表 8-1 中编号为 8 的活动“撰写早期章节”和编号为 12 的活动“确定目标总体”。

网络计划的上述优点对于实现项目计划与可用资源的完美匹配很有帮助。另外，图 8-2

同时展示了计划必须依据的项目逻辑，就其本身来说，这也是很有价值的。最后，通过确保网络计划中的所有箭头都从左侧指向右侧表明了项目在时间维度中的不断推进。

尽管不能确保实际的研究过程会完全遵循网络计划，但是，网络计划至少代表了学生在研究的初始阶段对于整个研究过程的认识。因此，在绘制网络计划时，图 8-2 中编号为 19 的活动“确定未来研究”应该更多地被看做是意外事件。当这种意外事件发生时，就可能涉及其他需要仔细计划的附加阶段。

8.2.5　估计活动时间

如前所述，网络计划的一个主要优点是：通过简单的计算可以得到一个活动计划，而这个活动计划则可以被用来控制整个项目的实施。

表 8-1 中同时给出了完成每项活动所需要的估计星期数，也被称做“估计持续时间”。通常，“估计持续时间”要比完成活动中实质性工作所需要的时间长，因为，活动中还涉及与当时无法执行实质性工作的人取得联系，甚至需要将已经收集到的信息集成到学生的概念框架中等工作。对“估计持续时间”的估计并不是一件容易的事，理想情况下，学生需要来自导师，以及在相同领域完成过研究项目的其他同学的建议。

在本章假设的例子中，首先，找到一位曾经完成过类似基于调查问卷研究的研究人员是可能的。这位研究人员的经验将帮助学生确定表 8-1 中编号为 2 的活动“调查问卷初稿”、编号为 3 的活动“完成调查问卷”、编号为 9 的活动“实施探索研究”、编号为 10 的活动“评审探索研究”、编号为 11 的活动“准备调查问卷”，以及编号为 13 的活动“实施调查”的“估计持续时间”。其次，从事研究的学生应该能够自信地估算出编号为 1 的活动“概念和理论”、编号为 5 的活动“选择探索研究参加者”、编号为 12 的活动“确定目标总体”、编号为 17 的活动“撰写会议论文”、编号为 20 的活动“完成初稿撰写”、编号为 21 的活动“评审和编辑”、编号为 22 的活动“修改论文”，以及编号为 23 的活动“准备答辩”的“估计持续时间”。最后，考虑将延误项日进度的，诸如假期和生病这样的活动也是必要的。这样的活动被包括在表 8-1 中编号为 24 的活动“意外考虑”中，大约占完成整个项目所需时间的 20%左右。尽管如前所述，应该为项目中的每一项活动都留有时间余量，但是，额外为与直接推动项目前进无关的活动提供时间余量也是明智的。

除了以上活动，编号为 4 的活动“确定分析方法”、编号为 6 的活动“学习数据统计技能”、编号为 7 的活动“参加计算机课程”、编号为 8 的活动“撰写早期章节”、编号为 14 的活动“处理数据”、编号为 15 的活动“解释输出”、编号为 16 的活动“评价调查结果”、编号为 18 的活动“联系发现”，以及编号为 19 的活动“确定未来研究”可以被粗略地分为以下两组：

（1）可以合理估计出工作内容，但是却需要断断续续执行的活动，比如：编号为 7 和 8 的活动；

（2）工作内容有较大不确定性的活动，比如：编号为 4、6、14、15、16、18，以及 19 的活动。

对于处在第（1）组的活动，估算“估计持续时间”并不困难。可以首先为活动赋予与工作内容对等的“实际最小估计持续时间”。如果进一步地分析发现：活动是核心活动，那么，学生就需要确定活动是否涉及并行活动。如果涉及并行活动，那么，学生还需要进一步确定延长整个研究项目持续时间的程度。如果活动不是核心活动，那么，学生也需要在不影响项目完成的前提下为延长活动的“估计持续时间”留有余地。

由于无法精确估计工作内容，因此，估算出在第（2）组中活动的“估计持续时间”会相对困难。增加困难的另外一个原因是：活动中的工作有时还不得不断断续续地进行。事实上，在本章假设的例子中，只有编号为 19 的活动“确定未来研究”会持续不断地出现在学生的脑海里。估算第（2）组中活动的“估计持续时间”的最好方法是将工作内容集中在“估计持续时间”里，比如：编号为 6 的活动“学习数据统计技能”要求学生阅读一些教材，但是，为了能够完全领会教材中的概念，就需要 8 周的“估计持续时间”以理解约需 50 小时的阅读产生的问题。最后，由于不需要学生具备很强的编程能力，因此，编号为 7 的活动“参加计算机课程”被归入第（1）组；相反，如果需要学生具备很强的编程能力，那么，编号为 7 的活动就应该被归入第（2）组。

在估算活动的“估计持续时间”时还可以借鉴以下经验：首先，一些工作是存在标准时间的，比如，上述的阅读教材，除非阅读的是一本很厚的教材，否则，阅读一本教材通常需要 10 小时。其次，通过提前的训练和准备，学生通常能缩短执行特定活动的时间，并增加估算“估计持续时间”的能力，比如，在进行文献检索前参加一门强化快速阅读能力的课程。最后，在所有活动的“估计持续时间”中都应该包括处理意外的时间。经验表明，处理这些意外通常都会延长而不是缩短活动的持续时间。

8.2.6 通过时间分析网络

如图 8-2 所示，活动的“估计持续时间”被标示在活动框的左下方。通过自左向右地贯穿网络，“最早开始时间”，也就是可以启动活动的最早时间，被确定并被标示在活动框的左上方。“最晚开始时间”，也就是为了取得“项目最早完成时间”而必须启动活动的时间，可以通过对项目最终完成时间的倒推计算得到，并被标示在活动框的右上方。活动的“浮动时间”，也就是最早开始活动与最晚结束活动之间的空闲时间，可以通过“最晚开始时间”减去“最早开始时间”得到，并被标示在活动框的右下方。

对每个活动中上述时间的计算方法非常简单，可以以表 8-1 中的活动为例说明这个方法。观察图 8-2 中活动的“估计持续时间”可以看到：完成调查的最早时间是在第 34 周（注意：在编号为 4 的活动没有结束之前，编号为 2 的活动不可能启动）。如果第 34 周是学生可以接受的最晚调查完成时间，那么，之前所有活动的“最晚开始时间”就可以通过从编号为 14

的活动进行倒推，利用减法计算得到。通过图 8-2，还可以对项目所有活动的“最早开始时间”和“最晚开始时间”的计算过程进行分析。

对学生来讲，活动中是否包括“浮动时间”是非常重要的。在图 8-2 中，编号为 1、5、6、7、8、12、16，以及 17 的活动就分别具有 1、3、28、24、33、14、8，以及 14 周的“浮动时间”。图中剩余的活动不具有“浮动时间”，因此，它们又被称为“关键活动”。网络计划中，由“关键活动”组成的路径被称为“关键路径”，需要特别注意。如果“关键路径”上的任何活动持续了超出计划的时间，那么，保障项目按时完成的唯一办法就是缩短位于“关键路径”上下一个“关键活动”的“估计持续时间”。

如果不考虑资源问题，从图 8-2 中可以看出：完成整个项目估计需要 119 周。再加上“确定研究主题”以及“撰写研究申请”需要的三个月时间，上述时间估计基本可以满足学生之前确定的第三个目标，即：在全日制情况下用两年半（约 130 周）的时间完成硕士论文。

资源稀缺是学生开展学位论文研究的普遍特点。在资源稀缺的情况下，一些本可以并行开展的活动将不得不以串行的方式执行。因此，为了制定出切实可行的计划，在计划过程中必须考虑资源的可用性。

8.2.7 检查资源

为了对项目进行控制，可以进一步根据图 8-2 绘制条形图。图 8-3 所示的条形图（甘特图）通过另一种方式对图 8-2 中的信息进行了表达。

在甘特图中，每一项活动用开始于“最早开始时间”，终止于“估计持续时间”结束的横条表示。活动中的“浮动时间”用横条后较长的线段表示。由于“关键活动”中不包括“浮动时间”，因此，代表它们的横条后的线段长度都很短。

在图 8-3 中，清楚表达的“浮动时间”为平衡资源需求提供了可能。在本章假设的例子中，学生所拥有的时间是最主要的资源。尽管在第一学年学生应该努力完成计划中的所有关键活动，但是，只要愿意，为了减少对时间的大量需求，学生也可以在第一年计划些非关键性的活动，比如：串行安排编号为 5、6、7、8，以及 12 的活动是可能的。如果按照这样的安排，那么，项目就应该是首先执行编号为 5 的活动“选择探索研究的参加者”，然后，执行编号为 6 的活动“学习数据统计技能”，编号为 12 的活动“确定目标总体”，以及编号为 8 的活动“撰写早期章节”。最后，执行编号为 7 的活动“参加计算机课程”。

当然，学生的时间需求不可能总处在多项活动的“浮动时间”内。在这种情况下，项目的完成时间就不可避免地要被延长。经验表明：计划在项目上投入 100%的任何一种资源，特别是学生的时间通常都是错误的。项目经理的一般经验是：投入 80%的资源，将剩下 20%的资源用于处理意外。很显然，在绘制研究计划时，学生在估算活动的“估计持续时间”时都应该遵守上述经验。

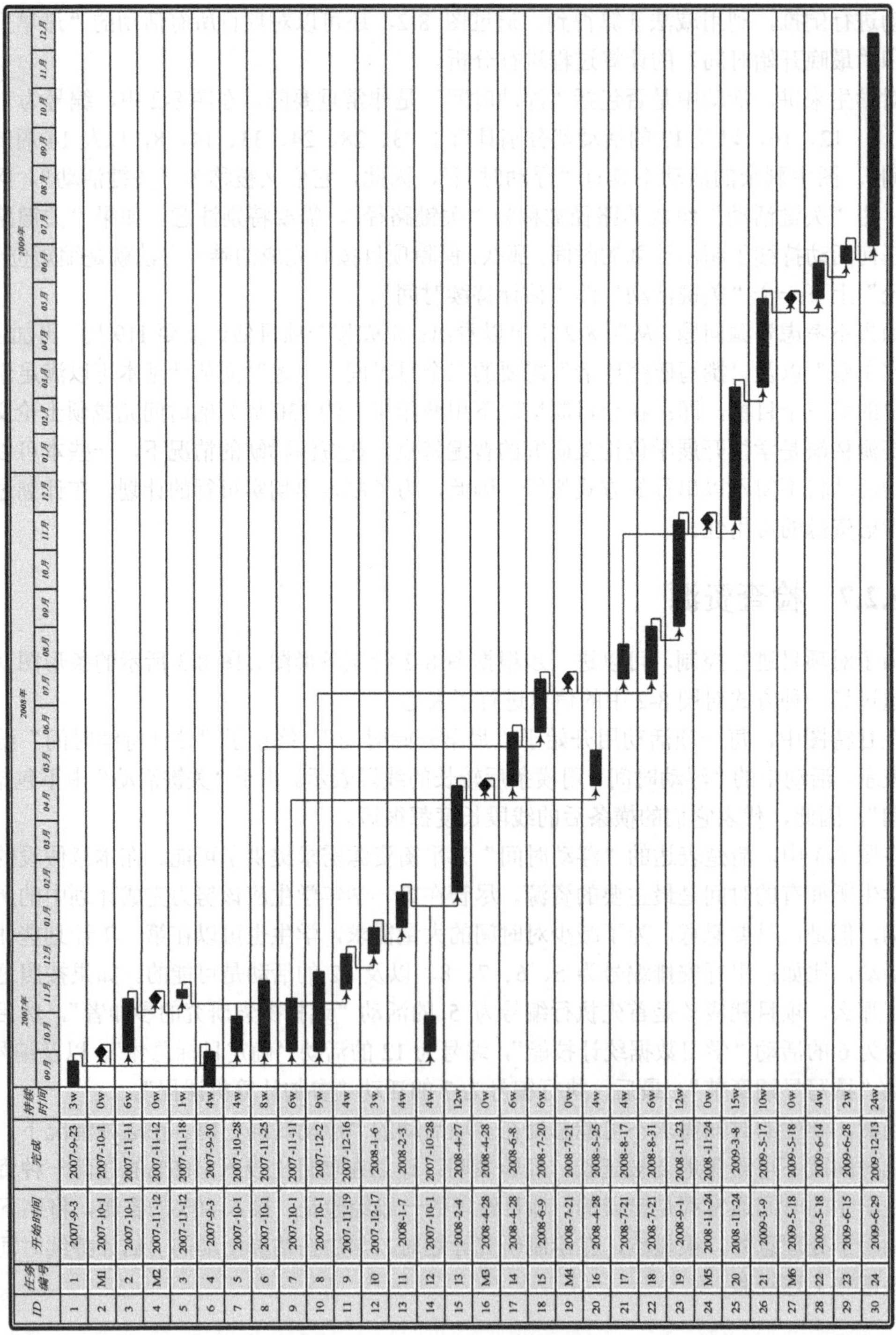

ID	任务编号	开始时间	完成	持续时间
1	1	2007-9-3	2007-9-23	3w
2	M1	2007-10-1	2007-10-1	0w
3	2	2007-10-1	2007-11-11	6w
4	M2	2007-11-12	2007-11-12	0w
5	3	2007-11-12	2007-11-18	1w
6	4	2007-9-3	2007-9-30	4w
7	5	2007-10-1	2007-10-28	4w
8	6	2007-10-1	2007-11-25	8w
9	7	2007-10-1	2007-11-11	6w
10	8	2007-10-1	2007-12-2	9w
11	9	2007-11-19	2007-12-16	4w
12	10	2007-12-17	2008-1-6	3w
13	11	2008-1-7	2008-2-3	4w
14	12	2007-10-1	2007-10-28	4w
15	13	2008-2-4	2008-4-27	12w
16	M3	2008-4-28	2008-4-28	0w
17	14	2008-4-28	2008-6-8	6w
18	15	2008-6-9	2008-7-20	6w
19	M4	2008-7-21	2008-7-21	0w
20	16	2008-4-28	2008-5-25	4w
21	17	2008-7-21	2008-8-17	4w
22	18	2008-7-21	2008-8-31	6w
23	19	2008-9-1	2008-11-23	12w
24	M5	2008-11-24	2008-11-24	0w
25	20	2008-11-24	2009-3-8	15w
26	21	2009-3-9	2009-5-17	10w
27	M6	2009-5-18	2009-5-18	0w
28	22	2009-5-18	2009-6-14	4w
29	23	2009-6-15	2009-6-28	2w
30	24	2009-6-29	2009-12-13	24w

图8-3 基于网络计划的甘特图

对于绝大多数的研究项目来说，一周平均有效工作 40 小时是合适的。只有在实际进度比预期进度慢的情况下，才需要增加工作时间。在超时工作不可避免的情况下，应该尽最大可能限制工作的“估计持续时间”和发生次数，并且，应该在超时工作结束后安排适当的休息时间。

其他可能影响项目计划的资源超出了学生的控制范围，比如：课程的开设时间以及硬件资源的可用性，包括特定设备只在假期对学生开放等。但是，通过合理地使用条形图，以上问题通常都可以得到解决。

8.2.8 重新计划

很明显，截至目前，以上七个小节都与制定研究计划有关。项目一旦启动，网络计划的角色就会从一个纯粹的计划工具转变成为一种控制手段。经验表明：如果项目非常复杂，那么，两种结果不可避免。第一，在绝大多数情况下，活动的实际持续时间都会超出“估计持续时间”；第二，尚未执行的活动顺序需要调整。接受第一种结果并不困难，特别是在考虑资源之前。但是，接受后者通常会遇到一些问题。

由于全日制学生需要在特定时间内完成项目，因此，时刻关注还有多少工作有待完成非常必要。如果需要处理的活动顺序发生了改变（比如，编号为 6 的活动“学习数据统计技能”被推迟了），那么，学生就不可能确定目标日期仍然可行。在这种情况下，唯一能够满意解决问题的办法就是重新计划，修改网络计划。由于是将未曾预料到的改变强加给学生，因此，必然会增加学生的压力，从而可能推迟重新计划，并最终导致网络计划与项目工作基本无关情况的出现。正是由于可能出现上述问题，因此，需要学生能够自觉花时间在重新计划上。尽管这样做不能立即推动研究向前发展，但是，从长远的角度看，是否这样做将导致按时成功完成项目与项目失败两种完全不同的结果。

8.3 小结

制定研究计划的目的主要包括：明确目的和目标；确定活动间的依赖关系和顺序关系；出于评审和进度检查目的，确定里程碑；出于控制目的，估计执行活动的时间；确保资源的可用性和有效性；提供按时完成研究的管理指导；在应急预案中调整活动，确定其他方案。学生应该牢记：能够用于研究的时间和资金越少，越需要详细的计划；拥有的时间通常是最宝贵的资源；在可能遇到困难的地方都需要进行计划。

典型的计划过程都需要经历以下活动：确定研究目的；确定并列出活动；对活动进行排序；绘制网络计划；估计活动时间；通过时间分析网络；检查资源；重新计划。由于目的决定活动，因此，需要首先“确定研究目的”。

在“确定并列出活动”时，可以根据研究项目的持续时间和所处阶段决定活动的粒度。

用方块代表活动，用连接方块的箭头表示活动发生的顺序“对活动进行排序”。一方面，网络计划具有以下优点：可以很好地展现活动之间的内在联系；提醒避免忽略完成项目所必须的活动；平行路径暗示了可以同时执行多项活动的关键点。另一方面，网络计划具有以下价值：有助于实现项目计划与可用资源的完美匹配；展示了计划必须依据的项目逻辑；从左向右的箭头表明了项目在时间维的不断推进。因此，很有必要“绘制网络计划”。

“估计持续时间”是指完成每项活动所需要的估计时间。估算“估计持续时间”可以来自导师以及完成过研究项目的同学的建议；自己估算；保证“意外考虑”占整个项目所需时间的20%左右；对于可以估计出工作内容，但断断续续执行的活动，首先估算“实际最小估计持续时间”，如果是核心且并行的活动，进一步确定延长整个研究项目持续时间的程度，如果不是核心活动，为延长活动的“估计持续时间”留有余地，对于工作内容有较大不确定性的活动，将工作内容集中在“估计持续时间”里。

估算“估计持续时间”可以借鉴的经验包括：一些工作存在标准时间；通过提前训练能缩短执行特定活动的时间，并增加估算能力；在所有活动中都应该包括处理意外的时间。

“最早开始时间”是指可以启动活动的最早时间。“最晚开始时间”是指为了取得“项目最早完成时间”而必须启动活动的时间，可以通过对项目最终完成时间的倒推计算得到。“浮动时间”是指最早开始活动与最晚结束活动之间的空闲时间，等于“最晚开始时间”减去“最早开始时间”。

“关键活动”是指不具有“浮动时间”的活动。“关键路径”是由“关键活动”组成的路径。如果“关键路径”上的活动超出了计划时间，按时完成项目的唯一办法就是缩短下一个“关键活动”的“估计持续时间”。

绘制条形图（甘特图）可以有效地帮助进行“检查资源”。在甘特图中，活动用开始于“最早开始时间”，终止于“估计持续时间”结束的横条表示。“浮动时间”用横条后较长的线段表示。代表“关键活动”的横条后的线段长度都很短。清楚表达的“浮动时间”为平衡资源需求提供了可能。

计划在项目上投入100%任何一种资源的做法通常都是错误的。正确的做法是投入80%的资源，将剩下20%的资源用于处理意外。对于绝大多数项目，一周平均有效工作40小时是合适的。只有在实际进度比预期进度慢的情况下，才需要增加工作时间。

应尽最大可能限制工作的“估计持续时间”和发生次数，在超时工作结束后应安排适当的休息时间。

项目一旦启动，网络计划就从计划工具变为控制手段。如果项目非常复杂，那么不可避免地将出现以下两种结果：活动的实际持续时间超出“估计持续时间”；尚未执行的活动顺序需要调整。学生应自觉花时间在重新计划上，尽管不能立即推动研究向前发展，但从长远的角度看，它可以保证按时成功完成项目而不是最终项目失败。

8.4 习题

（1）简述研究计划的目的。

（2）典型的计划过程需要经历哪些活动？

（3）简述网络计划的优点和价值。

（4）什么是“估计持续时间”？如何对其进行估算？

（5）什么是“最早开始时间”、“最晚开始时间”，以及“浮动时间”？如何计算得到后面的两个时间？

（6）什么是“关键活动”和“关键路径”？简述“关键路径”的意义。

（7）简述检查资源的内容。

（8）简述重新计划的意义。

（9）根据本章叙述，对之前撰写的研究申请中的图形计划（甘特图）进行完善。

第9章　参考文献和引用

内容提要

无论是撰写研究申请还是文献综述（包括学位论文和研究报告），学生都需要参考以不同形式存在的文献。之后，他们有责任对通过文献帮助自己完成研究的人表示感谢。本章首先介绍了“承认他人的工作”的意义和范围。其次，介绍了在研究成果的主体部分使用引语和引用的方法。然后，介绍了研究成果中参考文献部分的作用、文献排列方式，以及不同形式文献的参考文献信息。最后，介绍了剽窃的定义、形式，以及避免方法。

本章重点

- 承认他人的工作
- 使用引语
- 使用引用
- 参考文献部分
- 参考文献信息
- 剽窃

9.1　承认他人的工作

如前所述，无论是撰写研究申请还是文献综述（包括以后将要介绍的学位论文以及研究报告），学生都需要参考以不同形式存在的文献。因此，在完成上述任何一项研究成果得到放松之前，学生都必须提醒自己：有责任对所有通过文献将其思想以诸如文字、图表等形式提供给自己，帮助自己完成上述研究成果的人表示感谢。如不这样做就可能意味着：学生遵从了学术欺骗的最坏形式——剽窃。

学生的研究成果需要建立在他人研究成果的基础之上，而学生也正是通过在自己的研究成果中总结和表达他人的研究成果以表明自己对于他人研究成果的理解。通过引用他人的研究成果，学生可以：

（1）确定需要引用的文献，以及引用文献的方式；

（2）在他人研究成果的基础上进行扩展，显示他人研究成果对于自己研究的支持；

（3）通过对不同研究成果的比较，暴露其中存在的不足；

（4）为所提出观点和论述的可信性提供证据；

（5）展示文献检索和阅读的范围，以及使用所读文献的方式。缺少文献只会意味着准备不足。

综上所述，学生无论如何都应该通过将自己的研究成果与他人的研究成果进行严格区分以承认他人的工作。换句话说，所有从他人那里获得的观点、结论，以及文字和图表，不论是直接引用、还是解释，或者是总结，都需要得到承认。即使是参考了自己早期发表的研究成果，以对待他人成果相同的方式对其进行处理对于读者来说也是有帮助的。因此，无论在任何情况下，学生都应该将自己的研究成果与他人的研究成果区分开来，并确保读者拥有所需要的全部信息能够找到他人的研究成果并自行阅读。最后，通过承认他人的研究成果，学生也能够做到有意识地避免剽窃。

9.2　使用引语

毫无疑问，在学生的研究成果中可能存在需要使用引语的地方，比如：后期受 Kierkegaard 影响的作者如果在研究成果中没有使用 Kierkegaard 表达核心思想的引语，那么，他们有关 Kierkegaard 对于 20 世纪存在主义作品影响的研究就会显得苍白无力。同样地，应用数学中的很多理论如果使用另外一种符号对其进行重写将是无法想象的。

当然，在使用引语时，应将其与研究成果的主体部分正确区别开来。对于一个单句，使用引号通常是足够的，而对于由多个单句组成的较长段落，同时使用缩进、单倍行距，以及不同的字体（如斜体）或许是将其与主体部分清楚区分的最简单方式。最后，无论属于上述哪种情况，从中抽取引语的文献都应该使用以下讨论的方式在研究成果中被清楚地引用。

9.3　使用引用

学生需要在研究成果中给出所有使用的参考文献。参考文献必须是一致和精确的，以便读者可以追踪它们。为了做到这一点，学生必须使用一致、标准的参考文献表达方式。

如果学生每次都需要在研究成果的主体部分说明参考文献时给出参考文献的全部信息，那么，就会使研究成果的主体部分变得冗长。为了避免这种情况，全部的参考文献信息应该在主体部分后专门的参考文献部分给出。这样，学生在主体部分就只需要使用一个足以帮助读者在参考文献部分定位参考文献信息的简写形式。目前，存在着两种满足上述要求的简写形式：使用作者和日期的组合（哈佛系统），或者使用数字，以下分别给出了使用上述两种简写形式的例子：

（1）“Someone creates in the mind of that person an equivalent sign, or perhaps a more developed sign. That sign which it creates I (Peirce) call the interpretant of the first sign. The sign stands for something, its object. It stands for that object, not in all respects, but in reference to a sort of idea.” (Jackson. 1996) .

（2）"…language does not 'reflect' reality but rather constructs it"[1].

正如例子（1）所示：在哈佛系统中，学生在主体部分使用作者和日期的组合帮助读者在参考文献部分定位参考文献信息。而在例子（2）中，学生则是在主体部分使用数字帮助读者在参考文献部分定位参考文献信息。至于究竟应该使用两种简写方式中的哪一种，学生应视具体情况决定，比如：在为出版而撰写文章时，出版社通常都会有自己的标准，而学生则可以在出版社的网站上，以及为之撰写的期刊或者会议的征稿通知中找到相应标准。

以下将通过实例说明哈佛系统的具体使用方法：

（1）在主体部分给出作者姓氏和出版年份；

（2）在作者姓氏自然出现在主体部分的句子中时，将出版年份放入圆括号中，比如：For Liu (1993), the focus is agents in action.

（3）在作者姓氏不能自然出现在主体部分的句子中时，将作者姓氏和出版年份同时放入圆括号中，比如：Requirements are information, and information is situated (Goguen, 1996).

（4）在同时有两位作者时应同时给出所有作者的姓氏，比如：Requirements Engineering is defined by Loucopoulos and Karakostas (1995) as ...

（5）在同时有多于两位的作者时应首先给出第一作者的姓氏，然后使用拉丁短语 et alia（通常也被缩写为 et al.），比如：... the process of semiosis is a knowledge construction process (Liu et al.,1996) ...

（6）在引用多篇文献支持同一观点时应分别给出文献的作者姓氏和出版年份，比如：... user participation is relatively passive and stakeholders may not have much chance to voice their concerns (Macaulay, 1993; Middleton, 1994; Liu & Chen,1994; Al Rawas & Easterbrook, 1997).

（7）在作者同年出版了超过一篇的文献时应在出版年份后加上小写的下标字母进行区分，比如：Alderson et al. (1991a, 1991b) describe a MetaCASE tool ...

（8）在需要说明一篇文献的特定页码时包含页码，比如：Requirements analysis ... is expensive (Kotonya and Sommerville, 1997, p78).

9.4 参考文献部分

与上述在主体部分使用引用相对应，全部的参考文献信息应该在主体部分后专门的参考文献部分给出。针对在主体部分使用哈佛系统的研究成果，在参考文献部分，全部的参考文献信息应该按照作者姓氏的字母顺序进行排列。如果学生在主体部分引用了相同作者的多篇参考文献，那么，就应该再按照出版年份的顺序对这些文献进行排列，出版年份最早的文献最先出现。如果相同作者同年又出版了多篇文献，那么，就应该再按照引用中出版年份后小写的下标字母顺序对文献进行排列。针对在主体部分使用数字的研究成果，在参考文献部分，全部的参考文献信息通常按照参考文献在主体部分被引用的先后顺序进行编号和排列。

9.5 参考文献信息

对于以不同形式存在的文献，在参考文献部分应该给出相应的参考文献信息。尽管不存在参考文献信息的统一标准（不同的出版社可能有自己特定的标准），但是，这些信息在大体上却是相同的。以下分别给出了来自期刊、书籍、会议论文集、公司报告，以及互联网的文献在参考文献部分通常应该给出的参考文献信息以及实例。更多实例可以参考本书的参考文献。

9.5.1 来自期刊

（1）所有作者的姓氏和名字的首字母；
（2）出版年份（在圆括号中）；
（3）文章名称；
（4）期刊名称（斜体）；
（5）卷号；
（6）部分编号（在圆括号中）；
（7）期刊的 ISSN（如果知道）；
（8）文章页码。

比如：

Avison D.E., Golder P.A. and Shah H.U. (1992) A SSM Toolkit: Rich Picture Diagramming, *European Journal of Information Systems*, 1(6), 397-407.

9.5.2 来自书籍

（1）所有作者的姓氏和名字的首字母；
（2）出版年份（在圆括号中）；
（3）书名（斜体）；
（4）版次（如果不是第一版）；
（5）出版社；
（6）出版地（如果知道）；
（7）ISBN（如果知道）。

比如：

（1）Sommerville I. (1996) *Software Engineering*, ed., Addison Wesley, Wokingham

（2）Kotonya G. & Sommerville I. (1997) *Requirements Engineering: processes and techniques*, John Wiley & Sons Ltd., Chichester, ISBN 0-471-97208-8

9.5.3 来自会议论文集

（1）所有作者的姓氏和名字的首字母；

（2）出版年份（在圆括号中）；

（3）论文名称；

（4）In:

（5）所有编辑的姓氏和名字的首字母（在姓氏和名字首字母后的圆括号中加 Ed.或者 Eds.）；

（6）包括会议地点和日期的会议论文集名称（斜体）；

（7）出版社；

（8）出版地（如果知道）；

（9）文章页码。

比如：

Du H., Gan R. & Gu Y. (2009) CPN-based Performance Simulation Research on Architecture Designs of Information Systems, In: Feng X., Liu K., Jiang G. (Eds.), *the proceedings of the* 11th *International Conference on Informatics and Semiotics in Organisations*, Beijing 2009.4, Aussino Academic Publishing House, 196-206

9.5.4 来自公司报告

（1）公司名称/所有作者的姓氏和名字的首字母；

（2）出版年份（在圆括号中）；

（3）出版物名称（斜体）；

（4）出版社；

（5）出版地；

（6）报告编号。

比如：

Liu K., Alderson A., Sharp B., Shah H. and Dix A. (1998) *Using Semiotic Techniques to Derive Requirements from Legacy Systems*, School of Computing, Staffordshire University SOCTR/98/03.

9.5.5 来自互联网

（1）机构名称/所有作者的姓氏以及名字的首字母；

（2）出版年份（如果知道）；

（3）出版物名称（斜体）；

（4）网页地址和访问日期（在方括号中）。

比如：

1．IRC (2005) *MSc Applied Informatics and MSc Informatics by Research*, at http://www.irc.rdg.ac.uk/ [accessed 18/8/2005]

9.6　剽窃

“剽窃”是指像占有和使用自己的研究成果一样地占有和使用他人的研究成果，或者是指出于满足评审要求的目的，在没有承认他人研究成果的前提下直接复制他人的研究成果，或者将他人的研究成果当做自己的研究成果提交评审。尽管绝大多数学生都知道剽窃的上述含义，但是，他们还是会经常做出一些他们并不认为是剽窃的事情。因此，有必要在这里清楚地指出剽窃的各种形式，主要包括：

（1）从书籍、文章，或者他人的研究成果中进行大量复制；

（3）大量使用从其他文献复制来的，未经说明出处的引语；

（3）大量使用未经说明来源的图表，包括：图形、照片以及表格等；

（4）像提交新的研究成果一样地提交已经被评审过的研究成果。

通常，学生的剽窃行为都不是故意的。一些学生仅仅是因为不了解引用规则，而另一些学生则是因为没有很好地组织他们的研究成果，比如，做笔记时匆忙、粗心，将自己的观点隐藏在了取自他人的观点之后，而没有能够用自己的语言将这些观点清楚地表达出来，以致对其的解释和概括不足以与原文区别开来。另外，允许他人剽窃自己的研究成果也可能被认定为剽窃。

避免剽窃的唯一办法就是对以任何方式使用的、来自他人的任何观点、段落、文字，以及图表进行引用，说明它们的来源，并表达对原作者的感谢。

9.7　小结

“承认他人的工作”可以对通过文献帮助自己完成研究的人表示感谢，同时，也可以将自己的研究成果与他人的区别开来，并有意识地避免剽窃。通过引用他人的研究成果，还可以：确定需要引用的文献，以及引用方式；显示他人研究成果对自己研究的支持；通过对不同研究成果的比较暴露其中的不足；为所提出观点和论述的可信性提供证据；展示文献检索和阅读的范围，以及使用方式。所有从他人处获得的观点、结论、文字和图表，不论是直接引用、解释、或者是总结，都需要承认。参考自己早期发表的研究成果，也应以对待他人成果相同的方式处理。

研究成果中很可能需要使用引语。在使用时，为了将引语与研究成果的主体部分区别开来，对于一个单句，可以使用引号；对于由多个单句组成的较长段落，可以同时使用缩进、单倍行距，以及不同的字体。另外，抽取引语的文献也应在研究成果中被清楚地引用。

引用是指在主体部分使用的，帮助读者在参考文献部分定位参考文献信息的简写形式。主要有两种引用形式：作者和日期的组合（哈佛系统）以及使用数字。选择使用哪一种应视具体情况而定，比如征稿通知。哈佛系统的具体使用方法包括：在主体部分给出作者姓氏和出版年份；在作者姓氏自然出现在主体部分的句子中时，将出版年份放入圆括号中；在作者姓氏不能自然出现在主体部分的句子中时，将作者姓氏和出版年份同时放入圆括号中；在同时有两位作者时给出所有作者的姓氏；在同时有多于两位的作者时应首先给出第一作者的姓氏，然后使用拉丁短语 et al.；在需要说明文献的特定页码时包含页码；在引用多篇文献支持同一观点时分别给出文献的作者姓氏和出版年份；在作者同年出版了超过一篇文献时在出版年份后加上小写下标字母进行区分。

全部的参考文献信息应在主体部分后专门的参考文献部分给出。对于使用哈佛系统的参考文献信息，应先按照作者姓氏的字母顺序排列；然后，再按照出版年份的顺序排列；最后，按照出版年份后小写下标字母顺序排列。对于使用数字的参考文献信息，应按照在主体部分被引用的先后顺序进行编号和排列。

应在参考文献部分给出不同形式文献的参考文献信息。不存在参考文献信息的统一标准。一般情况下，对于期刊，需要给出的参考文献信息包括：所有作者的姓氏和名字的首字母、出版年份（在圆括号中）、文章名称、期刊名称（斜体）、卷号、部分编号（在圆括号中）、期刊的 ISSN（如果知道）、文章页码。对于书籍，需要给出的参考文献信息包括：所有作者的姓氏和名字的首字母、出版年份（在圆括号中）、书名（斜体）、版次（如果不是第一版）、出版社、出版地（如果知道）、ISBN（如果知道）。对于会议论文集，需要给出的参考文献信息包括：所有作者的姓氏和名字的首字母、出版年份（在圆括号中）、论文名称；In:、所有编辑的姓氏和名字的首字母（在姓氏和名字首字母后的圆括号中加 Ed.或者 Eds.）、包括会议地点和日期的会议论文集名称（斜体）、出版社、出版地（如果知道）、文章页码。对于公司报告，需要给出的参考文献信息包括：公司名称/所有作者的姓氏和名字的首字母、出版年份（在圆括号中）、出版物名称（斜体）、出版社、出版地、报告编号。对于来自互联网的文献，需要给出的参考文献信息包括：机构名称/所有作者的姓氏以及名字的首字母、出版年份（如果知道）、出版物名称（斜体）、网页地址和访问日期（在方括号中）。

剽窃是指像占有和使用自己的研究成果一样地占有和使用他人的研究成果，包括：在没有承认他人研究成果的前提下直接复制他人的研究成果，以及将他人的研究成果当做自己的研究成果提交评审。剽窃的主要形式包括：从书籍、文章，或他人研究成果中大量复制；大量使用复制的、未经说明出处的引语；大量使用未经说明来源的图表；像提交新成果一样地提交已经评审过的成果。避免剽窃的唯一办法就是对任何来自他人的观点、段落、文字，以及图表进行引用。

9.8　习题

（1）简述“承认他人的工作”的意义。
（2）简述需要被承认的工作的范围。
（3）在研究成果中如何使用引语？
（4）什么是引用？存在哪两种主要形式？
（5）简述哈佛系统的具体使用方法。
（6）简述参考文献部分的作用及其文献排列方式。
（7）简述不同形式文献的参考文献信息。
（8）什么是剽窃？如何避免剽窃？
（9）简述剽窃的主要形式。
（10）根据本章叙述，对之前撰写的研究申请中的参考文献和引用部分进行完善。

第 10 章　撰写学位论文

内容提要

如果不能将研究经历撰写成为学位论文，那么，学生在所有其他方面的努力就都将变成徒劳。本章首先给出了不同层次学位论文应该满足的标准。其次，列出了典型的学位论文顺序，并给出了提高学位论文写作风格的建议。然后，详细介绍了撰写学位论文的准备过程，包括五个步骤，依次是：计划章的顺序、计划章中节的顺序、确定表达的详略、对数据进行解释，以及选择数据。之后，进一步介绍了撰写学位论文中章的方法。最后，对学位论文的编辑和校对进行了概述。

本章重点

- 学位论文的标准
- 典型的学位论文顺序
- 写作风格
- 准备撰写
- 章的撰写
- 编辑和校对

10.1　学位论文的标准

通常，所有有权授予学位的大学和学院都会发布指导学生撰写学位论文的学位论文标准，比如：伦敦政治经济学院 1993 年的哲学硕士学位论文标准是："学位论文或者是对原创工作的记录，或者是对任何领域知识的重要揭示"。同时，相应的博士学位论文标准是："学位论文必须对本学科的知识产生显著贡献，并且能够提供原创性的证据。原创性或者通过发现新的事实，或者通过独立评审机构的评审体现出来"。表 10-1 提供了英国另外一所大学发布的学位论文标准。

表 10-1　英国一所大学的学位论文标准

学位层次	学位论文标准
学士学位和通过完成项目获得的硕士学位	1．一项研究，一个问题解决方案，或者是一份实验结果的结构良好的，令人信服的记录
通过课程学习以及做论文获得的硕士学位	1．通过努力获得的、规范，批判并且合理的知识发现 2．表现出对已有研究非常熟悉

续表

学位层次	学位论文标准
通过从事研究获得的硕士学位	1．原创性的研究或者想法验证 2．很强的独立工作或者实验能力 3．对适用技术的理解和掌握 4．能够批判地使用出版物和原始资料 5．增加了特定主题与更广泛知识领域的联系 6．有部分出版价值
博士学位	1．包括上一层次中的所有六项标准 2．通过研究主题或者使用的方法表现出来的原创性 3．对知识的显著贡献

对于学生而言，在开始研究以及撰写学位论文之前认真阅读其所在大学和学院发布的学位论文标准无疑是重要的。但是，由于并不是所有的学位论文标准都能够清楚和准确地说明大学和学院的要求，因此，学生还应尽早地就标准中自己所不清楚的地方咨询导师和相关管理人员。

10.2　典型的学位论文顺序

绝大多数学位论文都应遵循以下逻辑顺序：

（1）标题页（Title page）；

（2）致谢（Acknowledgement）；

（3）摘要/前言（Abstract/Preface）；

（4）目录（Contents）；

（5）表格列表（List of tables）；

（6）图形列表（List of figures）；

（7）其他类型材料列表（List of other types of materials）；

（8）章节（Chapters）；

（9）附录（Appendices）；

（10）参考文献（Reference）；

（11）参考书目（Bibliography）；

（12）索引（Index）。

对于处在不同层次的学位论文，并不是上述的所有部分都需要出现，比如：本科学位论文就可以仅包括标题页、目录和章节。

出现在目录之前的摘要是绝大多数学位论文的重要特征。撰写摘要是为了说明学位论文的主旨以及撰写的目的，也可以将其理解为学位论文的精华版。

通常，总会有学生不清楚学位论文中表格和图的区别。其实，区分它们的最简单方法是：表格完全是由数字或者文本组成的。排除学位论文中的其他类型材料，比如照片，学位论文中的所有其他项目就都是图。当然，将照片看做图通常也不会引起争议，特别是在仅有几张照片的情况下。但是，需要特别说明的是：如果学位论文中使用的表格和图不是作者首先提出的，那么，就需要对它们的来源进行标注，以表达对原创者贡献的承认和感谢。

由于需要将研究成果与学科领域的知识主体联系起来，因此，参考文献通常是硕士和博士论文中必不可少的部分，包括论文作者曾经参考，并且在论文中引用的相关研究成果。参考书目与参考文献不同，除了参考文献中已经包括的研究成果，参考书目还应该包括那些没有在论文中被引用的领域书籍和期刊。除非作者有将学位论文出版的想法，否则，绝大多数的学位论文都不需要包括参考书目。

10.3 写作风格

培养良好的写作风格，提高写作质量是绝大多数都会对学生提出的必然要求。特别是在本科学位论文的撰写上，培养良好的写作风格是大学和学院需要努力完成的重要教学目标。但是，由于很少有学生接受过专门的写作训练，另外，他们也大都不愿意在此方面花费太多时间，因此，学生更愿意在导师对其写作风格提出批评时再引起重视，进而根据导师的指导进行修改。正因为如此，导师在学生的写作风格上给出有针对性的指导无疑是有用的。但是，如果情况恰好相反，出于各种原因，导师无法对学生的写作风格给予相应指导，那么，最终的学位论文就很可能会由于可读性差从而导致失败。针对学位论文的写作风格，Cooper 曾经说过这样的话：“学位论文的作者是幸运的，因为他们不需要依靠数以百万计的读者为生，否则，他们很可能会被饿死。”

针对学位论文的“可读性”，已经有学者进行了大量研究，并且撰写了有价值的文献，比如：Gunning 提出了“模糊指数（Fog Index）”的概念，形容较长的单词和句子对读者来说就像是雾一样的模糊。对模糊指数进行计算的公式可以表示为：模糊指数=0.4×（句子的平均长度+多音节单词的百分比）。Gunning 同时指出：12 是模糊指数的临界值。超过 12，学位论文读起来就会变得非常困难。对于经典和流行作品的分析发现：它们的模糊指数值都低于 12，比如：上世纪 50 年代拥有大量读者的杂志 Time 和 Look，它们的模糊指数值就分别是 10 和 8。然而，恰好相反，另一本理论性较强，同时，模糊指数值超过 12 的杂志在一年内就被迫停止了出版。当前，在与电视和互联网相比，文献作为思想来源的重要性日渐降低的情况下，其最大可接受模糊指数值无论如何都应该比 20 世纪 50 年代时要低，也只有这样，它们才可能更容易被读者接受。

对“可读性”进行了深入研究的学者同时也对段落的长度进行了深入研究，并且给出了一般性建议，即：一方面，段落应当简短，从而避免由于长篇累牍破坏了论文的美观。另一方面，段落又应该足够长，一个段落至少应该清楚地表达一个特定思想。最后，出于美观和避免读者被迫从一个观点迅速转换到另一个观点的考虑，还应该尽量避免使用只包含一个或者两个句子的段落。

一方面，仅注意到上述给出的建议并不能保证学位论文一定会有良好的写作风格。但是，另一方面，也不应该给学生留下这样的印象，即：存在一个需要尽力遵守的、一般的写作风格。正如 Cooper 所指出的："具有良好写作风格的学位论文既应该能够对读者产生影响，同时，又应该能够体现作者的个性。与此相反，具有较差写作风格的学位论文则是指那些没有经过刻意的结构组织，以及仅使用了有限词汇的学位论文。"

人称代词的使用是需要对学生进行写作风格指导的另一个方面。由于绝大多数学生所从事的研究都具有个人特点，因此，学位论文的很多地方都很可能会出现"我"这个第一人称代词。然而，对于一个具有良好写作风格的学位论文来说，应该尽量通过使用被动语态以避免上述情况的发生，比如：可以使用"……被发现"，而不是"我发现……"。通常情况下，除了在数学领域可以使用"我们"这样的第一人称代词之外，在其他绝大多数的研究领域中，使用被动语态代替第一人称代词的做法已经得到了普遍认可。但是，仍然有学者认为：连续使用被动语态将使学位论文变得更加枯燥。因此，在学位论文中适当使用第一人称代词也正被一些学者所慢慢接受。

另外，对写作风格有所著述的学者还对如何增加写作风格对读者的影响提出了建议，比如：Cooper 就提出了类比、比喻、重复，以及韵律等在影响读者方面的重要性。Broehl 和 Shurter 则认为：作者应该有效地使用动词，同时，直接和明确地使用合适的语调。

最后，以由一个或一组特定作者撰写的、具有清晰描述范例的作品为模版进行学位论文的撰写也会非常有帮助。另外，由于学位论文的读者通常被限制在较窄的学科领域，并且可以假设他们已经预先掌握了相关学科领域的基础知识和研究方向，因此，为了使学位论文的内容对于他们来说更加清晰，可以在学位论文中使用专业术语。同样的观点也适用于缩写，特别是对于诸如联合国（United Nations）这样在文中被频繁使用，并且由几个单词组合而成的专有名词。

10.4　准备撰写

广义地讲，在开始撰写学位论文之前，学生用在研究上的所有时间都是在为撰写学位论文做准备。一旦学生认为：他们已经收集到了足够的数据，并且，已经有足够的理由可以开始撰写学位论文中的一章，或者是这一章中的主要部分的时候，学位论文撰写工作就正式开始了。

如图 10-1 所示，学位论文的撰写准备过程分为五个步骤，依次是：计划章的顺序、计划章中节的顺序、确定表达的详略、对数据进行解释，以及选择数据。本节以下部分就将分别对上述的五个步骤进行介绍。

图10-1 学位论文的撰写准备过程

10.4.1 计划章的顺序

为了使最终完成的学位论文具有较强的逻辑性，成为完整的作品，学生必须分别从战术和战略两个层面进行准备。其中，战术层准备的任务是有效地组织章中的所有节，将它们组成逻辑上完整的章。相对于战术层，战略层准备的任务则是有效地组织所有的章，将它们组织成逻辑完整的学位论文。很明显，战略层准备，即确定学位论文中所有章的顺序是撰写学位前需要首先解决的问题。

绝大多数学位论文在确定章之间的顺序时都会存在很大的灵活性，而这种灵活性则会导致一些数据或者在几个地方被重复表述，或者不会在任何地方被表述。考虑在四个组织中应用不同的计算机市场营销模型，进而提出衡量模型应用是否成功的标准的研究。在这项研究中，至少应该包括以下数据：

(1) 计算机市场营销模型的现有研究；
(2) 计算机市场营销模型成功因素的现有研究；
(3) 其他计算机模型成功因素的现有研究；
(4) 组织 A 中的研究记录；
(5) 组织 B 中的研究记录；
(6) 组织 C 中的研究记录；
(7) 组织 D 中的研究记录；
(8) 分别对上述四个案例研究进行分析，提出衡量模型应用是否成功的标准；
(9) 结论。

尽管对上述数据进行章的划分明显比学生可能在研究中遇到的要简单，但是，它还是能够说明可能出现的问题。首先，在形成上述最终列表前应该确定无须研究的内容，比如：在上述例子中，研究明显没有涉及有关创新管理的文献。其次，在将上述数据编写进章时也会遇到一些问题，比如：应该将数据（1）和数据（2）编写在同一章中（如果成功因素明显与模型相关，那么，这也许是最好的方式），还是将它们分别编写在不同的章中？如果成功因素相对独立于所涉及的模型，那么，将数据（2）和数据（3）编写在同一章中也许会更好。类似地，为了便于按顺序观察不同类型模型在四个组织中的应用，可以将数据（4），（5），（6），以及（7）并列安排在同一章中。或者，也可以将每组数据单独编写成一章。总之，学位论文中章的顺序应该根据分析数据的方式进行组织。

10.4.2　计划章中节的顺序

在完成了对章的顺序的计划后，接下来要做的工作就是根据数据的性质进一步计划章中节的顺序。仍然以上述“影响计算机市场营销模型成功因素”的研究为例，“计算机市场营销模型的现有研究”一章可以被进一步分解为按照时间顺序、类别顺序、逻辑顺序，或者重要性顺序排列的几节，分解后的结果如表 10-2 所示（出于简化目的，每种排序方法仅给出了三个实例）。

表 10-2　按不同顺序将章分解为节的例子

节号	按时间顺序	按类别顺序		按逻辑顺序	按重要性顺序
		（a）	（b）		
1	早期应用	北美的应用	市场计划模型	市场研究	销售模型
2	20 世纪 70 年代和 80 年代的应用	其他发达国家的应用	广告模型	市场计划	广告模型
3	近期的发展	发展中国家的应用	物流模型	实现市场营销决策	计划模型

尽管在表 10-2 中给出的每种顺序对于篇幅较短的学位论文来说都是可以接受的，但是，对于篇幅较长的学位论文来说，仅使用其中的一种顺序是不合适的，这时，需要同时使用多种顺序进行多次细分，从而形成节的层次结构，比如，在“影响计算机市场营销模型成功因素”的例子中，可以首先按照类别顺序进行细分，这样，“计算机市场营销模型的现有研究”一章就可以首先被分解为“市场计划模型”、“广告模型”，以及“物流模型”三节。然后，再按照时间顺序进一步对上述的每一节进行划分，这样，上述的每一节就又可以按照时间顺序被进一步分解为“早期应用”、“20 世纪 70 年代和 80 年代的应用”，以及“近期的发展”三个子节。

学生所在大学和学院通常都会提供对学位论文格式的详细指导，比如，章的名称要求使用四号字，处于第一层次的节的名称要求使用五号字等。对于每个单独的节，避免层次模糊的最好方法或许就是在其之前使用分层的数字编号，这样就能够使读者清楚地看到学生对其学位论文的逻辑划分方法，比如，如果在“影响计算机市场营销模型成功因素”的例子中，“计算机市场营销模型的现有研究”是学位论文的第二章，那么，在这一章的节之前就可能使用如下的编号：

2 计算机市场营销模型的现有研究

　2.1 市场计划模型

　　2.1.1 早期应用

　　　2.1.1.1 北美的应用

通常情况下，学位论文的章不会被划分得比上述例子更细，那样做的结果只能使学位论文过于零散，给读者在对文章主旨的把握上制造困难。

目录是帮助学生计划章的顺序，以及章中节的顺序的有用工具。以下显示了“影响计算机市场营销模型成功因素”例子的部分目录。

1 引言

2 计算机市场营销模型的现有研究

　2.1 市场计划模型

　　2.1.1 早期应用

　　　2.1.1.1 北美的应用

　　　2.1.1.2 其他发达国家的应用

　　　2.1.1.3 发展中国家的应用

　　2.1.2　20 世纪 70 年代和 80 年代的应用

　　　2.1.2.1 北美的应用

　　　2.1.2.2 其他发达国家的应用

　　　2.1.2.3 发展中国家的应用

　　2.1.3 近期的发展

　　　……

　2.2 广告模型

　　　……

　2.3　物流模型

　　　……

3 计算机市场营销模型成功因素的现有研究

4 其他计算机模型成功因素的现有研究

5 组织 A 中的研究

6 组织 B 中的研究

7 组织 C 中的研究

8 组织 D 中的研究

9 案例研究分析

10 衡量成功的标准

11 结论

10.4.3　确定表达的详略

所撰写内容在学位论文中的地位决定了对其表达的详略。虽然撰写学位论文的主要目的是表现知识和能力，但是，同时也需要兼顾完整性。表 10-1 中给出的标准表明：在“通过从事研究获得的硕士学位”的层次以上，学位论文中的每一部分都必须支持观点，这就使必须服从字数限制的学生在决定学位论文需要包括的具体内容时会感到有些困难。当然，在“通过从事研究获得的硕士学位”的层次以下，对字数的限制也会带来同样的问题。但是，考虑到可以在答辩时对学位论文中的任何观点进行解释，学生还是可以在学位论文中省略一些内容。

对于硕士生和博士生而言，由于在获得学位之前必须参加答辩，因此他们的学位论文草稿应该包括所有支持观点的内容。但是，在答辩时他们应该只谈及使用的方法，研究成果的价值，以及对未来研究的建议，而不应该涉及对省略学位论文中冗长材料的合理性的解释和说明。如果确实感到学位论文有些过于冗长，可以考虑省略其中的一些节（在答辩被问及时，说明其被省略的理由），但是，一定不能降低整篇学位论文表达的详细程度。

不愿意提前决定删除一些节的学生很可能选择在开始时以不受约束的方式撰写学位论文，之后，在编辑阶段，再根据其所在研究机构规定的字数限制对学位论文的篇幅进行大幅度的删减。

无论如何，学生都不应该主动承担一项不可能完成的任务。虽然过分强调学位论文的深度会明显缩小研究问题的范围，但是，研究问题过于宽泛，除了可能导致学位论文过于冗长，还可能导致研究过于肤浅。针对以上问题，起草一份只有一页纸长度，说明每节预计页数的撰写规划是预先识别上述问题的有效方法。此外，其他可能的解决办法还包括：

（1）切忌过于野心勃勃；

（2）应该更多地依赖现有的总结和综述，尽量避免对现有研究的相关领域进行评价；

（3）引用已经出版的研究成果；

（4）省略一些节。

很明显，清楚地知道不同内容的相对重要性是学生在撰写学位论文时处理好详略的关键。

10.4.4 对数据进行解释

学位论文是一种特殊的交流形式，它从一开始就确定了学生与评审人之间的一一对应关系。因此，其中对于数据的解释应该被引起特别的重视。学生应该始终清楚地了解对其论文进行评审的人。很明显，如果评审人是学生所在大学和学院的人员，也就是说学位论文不会被安排外部评审，那么，学生在开始撰写学位论文之前寻求评审人的指导是理所当然的。另外，即使涉及外部评审，也就是说，学生和评审人之间在评审之前没有任何联系，学生也可以通过其他途径获知评审人对于其作品或者内容的一些意见。持尽早开始撰写学位论文观点的学生在开始撰写学位论文时很可能并不知晓他们的外部评审人，但是，可以确定的是：学位论文的评审人一定是那些具有很高学术声望，并且熟悉特定领域专业技术和术语的人。因此，除非离开了那个特定领域，否则学生不需要在学位论文中提供有关那个领域专业技术和术语的太多解释。

过分强调满足评审人的要求或许有些世俗。但是，学位论文毕竟应该被看做是对一般知识系统的补充。无论如何，学生都是在经历一场考试，他们的主要目标非常明确，就是取得成功。至于在学位论文内容的基础上进一步出版书籍或者发表文章则是以后需要考虑的事。

10.4.5 选择数据

在撰写学位论文的过程中，学生需要提前就其中的一些问题做出决定，选择数据就是其中需要提前做出决定的一个问题。通常情况下，在学生完成了对文献的阅读，以及数据的收集和分析之后，他们已经积累了大量的，以一种或者多种形式保存的数据。这时，他们将面临的问题就是：如何将这些数据转换成为符合不同学位层次要求、具有良好结构和适当解释的学位论文。

虽然学生都是在有选择地收集数据，但是，一些收集到的数据对于学位论文的撰写来说可能是多余的，比如：如果问卷调查涉及大量样本，那么，虽然所有调查问卷都可能被作为答辩时要求出具的主要原始数据，但是，将所有调查问卷都包括在学位论文中就不合适。这时，仅在学位论文中包含其中的一项调查问卷就足够了。再有，如果几次深入的面谈被用磁带录制了下来，那么，最好是将每次谈话的手写记录包括在学位论文的附录中。最后，基于计算机的统计分析很可能导致多种不同输出，如果这些输出的一个代表性例子能够表达学生所希望表达的观点，那么，就没有必要在学位论文中包括每个输出。

撰写学位论文涉及的另外一个重要问题是：如果其他学生依据学位论文执行相同的研究，他们所能够得到的结果重复程度。这也就意味着：除了需要在学位论文中对所使用的分析方法（也可能包括计算机程序清单）进行详细描述之外，理想情况下，还需要对原始数据进行详细地描述。

结合之前有关“确定表达的详略”的论述，在选择数据时，通过研究获得学位的学生应当遵循的一条基本原则是：如果对是否应该在学位论文中包含某些数据心存疑虑，那么，首先在学位论文中包含它们，然后，在编辑阶段再视具体情况决定是否需要将它们删除。事实上，即使是对那些不需要通过研究就可以获得学位的学生来说，他们绝大多数学位论文的最终版本也都会删除一些包含在草稿中的数据。如前所述，处理上述问题的另一种可能办法是将那些认为不重要的数据放在学位论文的附录中。

10.5 章的撰写

如果学生不能将其研究经历撰写成为满足其所追求学位的学位论文，那么，他们在所有其他方面的努力就都将变成徒劳。但是，由于学生很可能是第一次撰写学位论文，缺乏所需要的专业知识，因此，他们应该尽早地将所撰写的学位论文提供给导师和同学。只有这样，他们才可能尽早地从导师和同学那里得到帮助其满足相应学位论文标准的建设性意见。尽管如此，在撰写学位论文时仍然存在着论点是什么，以怎样的顺序进行论述，以及如何进行论述的问题。其中，前两个问题与学位论文的章的组织有关，而最后一个问题则明显涉及前述的写作风格。这里，将主要对前两个问题进行论述。

如前所述，经过准备撰写阶段，学位论文每一章的名称，以及每一章内的细节都得到了确定。通常，对章进行三个层次的划分已经足够，不需要再进行更进一步地划分，比如，在“影响计算机市场营销模型成功因素”的例子中，第二章“计算机市场营销模型的现有研究”就被进行了三层细分。尽管已经确定了每一章所要论述的内容，但是，在没有进一步计划之前，学生还是不应急于开始撰写。在开始撰写之前，他们必须明确如下问题：

（1）学位论文中撰写特定节的目的是什么？

（2）特定节的重要性。应该花多大篇幅用于这一节的撰写？

（3）在特定节中，比较描述和批判所占的比重？

（4）内容是全面涵盖，还是在开始时仅考虑部分国家的情况？

（5）如果已经选择“市场计划模型”作为一个分类，那么，应该如何对其进行定义？

（6）根据时间顺序的划分，子节 2.1.2“20 世纪 70 年代和 80 年代的应用”意味着“早期应用”指的是 20 世纪 70 年代之前的应用。这样的划分明智吗？或者“早期应用”应该延续到 1975 年，甚至是 1980 年？

（7）是否更希望按照产业进行划分？

初期认为简单和直接的叙述任务现在看起来却并非如此。学生在没有确定学位论文结构的情况下就开始撰写学位论文将不可避免地导致在篇幅上花费大量时间，紧接着的就是大段内容的删除和插入，以及逐渐增加的页数。为了避免上述情况的发生，学生应该首先以非确定顺序的方式记下所有可能相关的要点，然后，从中选择出将要使用的要点，并对它们进行排序。以下是用来说明上述过程的例子，包括四个选用后排序的要点：

（1）市场计划模型的定义；

（2）早期计算机技术应用于商业领域的概述；

（3）尽量采用比较的方法，比如：美国和英国的比较；

（4）使用市场营销以及管理科学领域的核心期刊作为资料来源。

在确定了所涉及的要点后，学生应该将其学位论文中具有标题的每一部分都看做是一个袖珍章，而在每一个袖珍章中，他们都应该：

（1）做介绍性叙述；

（2）提供背景信息；

（3）提供数据（通常以图形或者表格的形式）；

（4）进行分析；

（5）对分析进行总结；

（6）得出结论。

即使没有对数据做进一步的细分，通过使用 1，2，3 或者 i），ii），iii）这样的编号对节进行组织，读者还是能够很容易地感到：学生为其学位论文的撰写预先进行了计划。

10.6 编辑和校对

10.6.1 编辑

Monroe、Meredith 和 Fisher 指出：良好的写作风格来自于命名、谓词和修饰语。命名和谓词是句子的核心成份，通常在句子中充当主语、谓语和宾语，表达句子的核心思想，而修饰语则建立在句子核心成份的基础上，起到辅助表达句子核心思想的作用，比如：

（1）“发生了通货膨胀”（使用核心成份表达了核心思想）；

（2）“发生了由于过度工资需求引发的通货膨胀”（使用了修饰语辅助表达了核心思想）；

（3）“发生了由于过度工资需求而非货币供应量增长引发的通货膨胀”（使用了修饰语对修饰语进行了修饰）。

既然句子都是由核心成份和修饰语组成的，Monroe 进一步提出了对句子进行编辑的如下方法：

（1）使用下画线标示出每个句子的核心成分。找出句子的主语、谓语和宾语。如果句子中有多于一个的主语、谓语和宾语，那么，就把句子中所有的主语、谓语和宾语都标示出来。

（2）寻找核心思想。确信句子的核心思想已经通过句子的核心成分得到了表达。

（3）检查句子核心成分间的修饰语。根据一般规则，在主语和谓语之间有超过 20 字的修饰语就不合适了。

（4）寻找存在位置错误的修饰语。在遇到这种问题的时候，从修饰语向被修饰的修饰语画一条带箭头的线段。带箭头的线段意味着需要重写这个句子。

（5）检查术语使用的准确性。检查所有表达定性判断的术语以确定正确地使用了它们，读者完全理解术语的含义。

基于以上方法，Monroe 又研究了句子被组织成段落的方法。很显然，上述一句句进行编辑的方法只适合用于撰写短文，而不适合用于撰写篇幅较长的学位论文。但是，上述方法在撰写学位论文时的价值体现在学生可以将其作为改善其早期学位论文草稿写作风格的一种方式。

尽管通过上述方法，可以明显改善学位论文的可读性，但是，却并不能够保证学位论文观点的正确。学生必须时刻准备重写整个节，甚至是章。对于博士生以及从事在职研究的学生，从早期撰写研究综述和方法的章到后期撰写分析和总结的章通常都要花费两年，甚至更长时间。因此，在这样长期的研究过程中，当获得对问题进一步的深入认识后，新内容就会不断被补充到已经完成的章中。在这种情况下，编辑实际上还包括了将获得的新内容融合到已经完成的学位论文中，并对学位论文的结构做出修改，以适合新加入的内容的工作。

10.6.2 校对

在为学位论文装订封面之前，校对是学位论文撰写的最后阶段。在出版领域，“校样”是经过排版，用于检查而输出的最初稿件。校对就是检查校样偏离最初稿件的过程。校对人员将使用不同符号标注校样中的不同性质错误。

校对人员在校对过程中通常会遇到两种错误：第一种是作者希望修改校样；第二种是在排版过程中出现的排版错误。对于校对人员来说，通常使用不同的颜色将上述两种错误区别开来。

当前，绝大多数学生都是在使用字处理软件撰写学位论文，在这个过程中，使用键盘输入同样会出现错误，出现的错误也分为两种：第一种是系统错误，包括始终错误地使用一种标点符号，或者始终错误地拼写一个作者的姓名。第二种是随机错误，包括错误地给出了文章的作者，或者一次偶然性的拼写错误。

只要发现了系统错误，并找到了对其进行纠正的方法，学生就可以很容易地通过字处理软件提供的“替换”功能对学位论文中出现的所有相同错误进行纠正。利用字处理软件提供的“拼写检查”工具，还可以发现学位论文中绝大多数涉及拼写的随机错误。综上所述，利用字处理软件提供的功能，对学位论文进行初步的拼写检查是有用的。

所有学生都应该尽力保证：其学位论文至少在排版方面是完美的。期望学位论文中不少于 98%的页不出现错误不是没有可能的。相反，如果学位论文中不出现错误的页所占的比率低于 95%，那么，学生就应该预料到来自评审人的负面评价。

通常，校对都是由学生自己完成的。校对过程中所使用的规则也相当简单：

（1）按顺序阅读每一行；

（2）集中注意力。如果注意力开始有所分散，那么，先停下来；

（3）大声朗读；

（4）从没有发现错误的页中抽取部分文字（比如 5%），重新阅读。

最后，应该对拼写错误、语法错误、不一致性错误（比如：同样的参考文献在被引用的不同地方使用了不同的日期），以及遗漏等引起特别注意。作为撰写学位论文过程中的一个单调且乏味的阶段，为了保持激情，学生需要始终牢记：与由于大量排版错误造成的读者愤怒相比，读者一定会对没有错误的学位论文留下更加深刻的印象。

10.7 小结

通常，所有有权授予学位的大学和学院都会发布指导学生撰写学位论文的学位论文标准。对于学生而言，在开始研究以及撰写学位论文之前认真阅读学位论文标准无疑是重要的。同时，学生还应尽早就标准中不清楚的地方咨询导师和相关管理人员。

典型的学位论文顺序是：标题页、致谢、摘要/前言、目录、表格列表、图形列表、其他类型材料列表、章节、附录、参考文献、参考书目，以及索引。对于不同层次的学位论文，不是上述的所有部分都需要出现。摘要是精华版的学位论文。参考文献是硕士和博士论文中必不可少的部分。参考书目还包括没有在论文中被引用的书籍和期刊，绝大多数学位论文都不需要参考书目。

写作风格是对学生的必然要求和重要教学目标。模糊指数=0.4×（句子的平均长度+多音节单词的百分比），其临界值是12。超过12，学位论文读起来就会变得非常困难。一方面，段落的长度应当简短，避免由于长篇累牍破坏了美观；另一方面，段落的长度又应该足够长，至少清楚表达一个特定思想；应避免使用只包含一个或者两个句子的段落。不存在需要尽力遵守的一般写作风格。但是，建议使用被动语态代替第一人称代词；使用类比、比喻、重复、韵律，以及动词和语调增加写作风格对读者的影响；使用模版以及专业术语和缩写。

学位论文的撰写准备过程分为五个步骤，依次是：计划章的顺序、计划章中节的顺序、确定表达的详略、对数据进行解释，以及选择数据。计划章的顺序应首先确定无须撰写的内容，然后根据分析数据的方式进行组织，同时避免数据被重复表述，或者不被表述。计划章中节的顺序应根据数据的性质，包括时间顺序、类别顺序、逻辑顺序，以及重要性顺序等进行。另外，也可以同时使用多种顺序。在节之前使用分层的数字编号，另外，目录是帮助计划章，以及章中节的顺序的有用工具。确定表达的详略即是确定对内容进行概述还是详述，它由内容在学位论文中的地位决定。既要表现知识和能力，又要兼顾完整性，同时又不能降低学位论文表达的详细程度。可以先不受约束地撰写，然后，再根据字数限制进行删减。为了避免冗长和肤浅，应说明每节预计页数的撰写规划；切忌过于野心勃勃；更多地依赖现有的总结和综述；引用已经出版的研究成果；省略一些节。由于论文评审人一定是具有很高学术声望，并且熟悉特定领域专业技术和术语的人，因此，在学位论文中不需要提供特定领域专业技术和术语的太多解释。在选择数据时，一些数据可能是多余的，比如：所有的调查问卷、每次谈话的手写记录，以及基于计算机的统计分析的每个输出。在学位论文中，除了描述分析方法外，还需要描述原始数据。如果对是否应该在学位论文中包含某些数据心存疑虑，那么，首先在学位论文中包含它们，然后，在编辑阶段再视具体情况决定是否需要将它们删除。另外，还可以将认为不重要的数据放在附录中。

对章进行三个层次的划分已经足够。在撰写章时，进一步计划需要考虑的问题包括：撰写特定节的目的是什么？应该花多大篇幅用于每一节的撰写？特定节中，比较描述和批判的比重？内容是全面还是部分涵盖？如何定义一些术语？是否采用其他方式的分类？在具体撰写时，首先记下所有可能相关的要点。其次，选择使用的要点并进行排序。然后，将具有标题的每一部分看做一个袖珍章，做介绍性叙述、提供背景信息、提供数据、进行分析、对分析进行总结、得出结论。最后，使用编号对节进行组织。

命名和谓词是句子的核心成分，修饰语起辅助表达句子核心思想的作用。因此，在对句子进行编辑时，应使用下划线标示句子的核心成分；寻找核心思想；检查句子核心成分间的修饰语；寻找存在位置错误的修饰语；检查术语使用的准确性。另外，编辑还包括将新内容融合到已经完成的学位论文中，并对其结构做出修改。

“校样”是经过排版，用于检查的最初稿件。校对是检查校样偏离最初稿件的过程，是学位论文撰写的最后阶段。校对人员使用不同符号标注两种不同性质的错误：作者希望修改校样和排版错误。键盘输入错误分为系统错误和随机错误。系统错误可以使用字处理软件的“替换”功能纠正，随机错误可以使用字处理软件的“拼写检查”功能纠正。学位论文中不出现错误的页所占比率应高于 95%。在校对时应该遵守以下规则：按顺序阅读每一行；集中注意力；大声朗读；从没有发现错误的页中抽取部分文字，重新阅读。另外，应该特别注意拼写、语法、不一致性错误以及遗漏。

10.8　习题

（1）简述自己所在大学或者学院的学位论文标准。
（2）简述典型的学位论文顺序。
（3）可以从哪些方面提高写作风格？
（4）撰写准备过程包括哪五个步骤？
（5）如何计划章的顺序？
（6）如何计划章中节的顺序？
（7）如何确定表达的层次？
（8）在对数据进行解释时应注意什么？
（9）如何选择数据？
（10）简述在撰写章时需要进一步考虑的问题。
（11）如何撰写章？
（12）简述对句子进行编辑的方法。
（13）简述校对规则。
（14）根据本章叙述，对与自己研究主题相近的一篇学位论文进行点评。

第11章 口头表达

内容提要

通过口头表达，学生可以与他人共享研究；帮助清楚地表达、控制和评价研究；获得反馈，帮助进一步完善研究。本章首先介绍了口头表达的重要性，然后，就口头表达涉及的“了解听众”、“基本结构”、“内容量”、“强调”、“总结”、“视觉辅助”、“个人技巧”、“克服紧张”、“准备口头表达”、“口头表达技巧”、“口头表达形式”，以及“评价口头表达”等十二个问题分别进行了阐述。

本章重点

- 口头表达的重要性
- 了解听众
- 基本结构
- 内容量
- 强调
- 总结
- 视觉辅助
- 个人技巧
- 克服紧张
- 准备口头表达
- 口头表达技巧
- 口头表达形式
- 评价口头表达

11.1 口头表达的重要性

作为研究的重要组成部分，学生应该向其他人口头表达研究成果，从而与其他人共享研究。正是由于研究是对某一学科领域知识和思想的贡献，因此，作为一名研究人员，学生是共享思想，并通过共享不断前进的研究团体中的一员。另外，通过与其他人共享研究还可以帮助学生清楚地表达、控制和评价研究。最后，学生也可以从其他人那里获得有关研究的反馈，帮助其进一步完善研究。

学生很可能担心上述共享会将研究中的错误暴露给其他人，也可能担心共享可能带来的公众赞誉。但是，无论如何，经过周密计划的口头表达都会带给学生大量有用的研究反馈。听取其他人的口头表达还可以让学生暂时离开自己的研究，对其他人的研究提出合理的建议。同时，借鉴其他人的研究方法，反思并形成自己的研究方法。在研究团体中共享自己研究的目的决不是为了泄露自己的研究，而是为了从其他人那里获得支持性和分析性的建议，从而更好地开展研究。

11.2　了解听众

在进行口头表达之前，学生需要了解听众，以及听众的预期。一定注意不要仅仅告诉听众他们已经掌握的内容，而是应该尽量将表达的内容与听众的现有知识联系起来。另外，应该强调研究中能够引起听众兴趣的部分，避免基本知识以及自己都没有完全理解的内容。决定哪些内容能够引起听众的兴趣并不容易，但是，学生确实应该避免在口头表达中出现连自己都没有完全理解的内容。在这个问题上，导师的意见会很有帮助。最后，在口头表达时，学生还应尽力传递给听众详略得当的内容。换句话说，就是不要在某一点上提供给听众大量的细节，同时却忽略了其他内容。如果听众感兴趣，需要进一步的信息，他们可以在口头表达结束之前通过提问获得。

11.3　基本结构

正如研究申请一样，尽管可能存在多种不同结构，但是，口头表达在结构上通常都包括以下三部分：

（1）开始（引言）；

（2）中间（内容）；

（3）结束（结论）。

以上三个部分分别涉及“说明将要表达的内容”、“表达内容”，以及“说明已经表达过的内容”。另外，对中间“内容”部分的口头表达还应该符合一定的逻辑，而绝不能是漫无目的地组织。在经过良好组织的口头表达即将结束之际，听众应该已经非常清楚陈述者口头表达的关键点。另外，在口头表达中，主要观点应该得到清楚的定义并通过口头表达得到加强。出于清晰的目的，辅助性的观点应该用数字进行编号。

11.4　内容量

口头表达还需要强调简洁和清晰。缺乏经验的学生在口头表达时最容易犯的错误就是表达了过多的基本知识。对于学术研究的听众来说，长时间地集中精力（超过 20 分钟），或者思考复杂问题是困难的。因此，对信息进行提炼，并尽可能地直接表达观点和知识对于学生来说非常重要，毕竟，涉及观点的更加详细的内容可以通过学位论文获得。为了确保口头表达的内容不至于过多，唯一确定的方法就是试讲。通过试讲还可以确保口头表达的内容简洁，逻辑清晰。

11.5 强调

在口头表达中，总有一些重要观点需要强调，而对这些观点进行强调的最简单和有效的方法就是在说到这些观点时明确地告诉听众："这个观点很重要"。当前，使用视觉辅助设备帮助强调口头表达中的重要观点也变得越来越流行，比如。使用电脑和投影仪将图像和声音同时展现给听众就能够使他们对口头表达中的重要观点留下深刻印象。

11.6 总结

口头表达的最后一部分是总结。正如之前在"基本结构"一节中所指出的，在总结部分需要说明的是"已经表达过的内容"。因此，在口头表达的总结部分切忌引入新内容。另外，作为口头表达中相对独立的部分，其所具有的独立性也应该被清楚地告诉听众。

11.7 视觉辅助

无论是准备打印的讲义还是计算机投影的幻灯片，学生都应该注意以下几点：

（1）根据信息量不同，用于解释每张幻灯片的时间应该控制在平均 4～5 分钟。这也就意味着：在一个 20 分钟的口头表达中，所使用的幻灯片数不应该超过 5 张。然而，曾经有学生试图在一个 10 分钟的口头表达中使用超过 30 张的幻灯片，很明显，这是一项不可能完成的任务；

（2）每张幻灯片都应明确表达一定内容而不是所有内容。幻灯片应该能够吸引听众的注意力，但是，它却不应该表达所有的内容。换句话说，每张幻灯片都应该具有其特定的功能，处理研究的特定部分；

（3）幻灯片应该对于所有听众都是可读的。幻灯片中的文字应该是清晰和足够大的（最小使用 24 号字）。幻灯片中应该避免出现大段的文字，每张幻灯片最好是 6 行，每行不超过 10 个字。应该使用项目符号进行内容的结构组织并进行强调。不建议从学位论文中直接复制复杂的图或者表。建议配合幻灯片提供打印的讲义，它不但可以帮助解决复杂图表的问题，同时也为听众提供了未来参考的有用资料。

（4）应尽量使幻灯片在形式上吸引人并保持一致。这要求学生必须考虑字体和整体布局。在这方面，计算机工具能够帮助学生为同样的内容选择不同的样式。

11.8 个人技巧

在口头表达中两个重要的个人技巧是声音和身体语言。

11.8.1 声音

与声音有关的个人技巧主要包括：语速、音量、音质，语调和遣词用字。

控制语速的关键是不打断语意的流畅感。学生必须在正确的地方断句，以使听众只需一遍就能够听明白。另外，还可以利用停顿制造出所需要的效果。建议学生的最佳语速是每分钟 160～180 个字。

如果学生天生声音洪亮，这是很大的优势。但是，也应该注意：千万不要试图用音量去压制与自己意见相左的人。如果学生天生声音过于轻柔，以致听众很难听清楚，那么就需要一些声音练习，以加强音量。总之，合适的音量是既要使所有的听众都能够听清楚，同时，又不会觉得刺耳，有压抑感。

在控制好语速和音量的基础上，还要确保能够清楚地咬文嚼字，不会含糊不清。切忌喃喃自语，否则听众会感到困惑。确定自己发音清楚，每个音节都咬字清晰，让听众一听就知道。在面对一大群听众时，可以夸大自己的嘴形，让听众听清楚每个音、每个字。

如果学生的声音过于单调，总是使用一成不变的速度和音量，就会让听众昏昏欲睡。为了能够真正抓住听众的注意力，学生必须使自己的声音变得抑扬顿挫。可以采用的方法包括：对关键字进行强调；使用恰当的停顿；偶尔向听众提问等。

字词是与人沟通的最主要媒介。对字词的选择涉及学生所要传达的意义和接收信息的听众，以及发送和接收过程发生的情境。如果想影响听众，学生在口头表达时就必须小心地选择使用字和词，尽可能选用可以传达出最接近原意的字词。

11.8.2 身体语言

在口头表达中，学生与听众间最重要的联系就是双方都会使用身体语言进行沟通。对学生来讲，他们会使用身体语言与听众建立关系，说服听众信服其所表达的内容，并鼓励听众进行回应。相应地，听众也会利用身体语言回应对学生所表达内容的态度（佩服、鼓励或者无聊），以及对所传达信息的看法（有趣、同意或者反对）。因此，在口头表达中使用恰当的身体语言，并且适时地辨识出听众的回应是非常重要的。

在口头表达的不同阶段应当使用恰当的身体语言。

1．开场时的身体语言

以轻快而从容的步伐进入现场，抬头挺胸并且面带微笑地看着听众。在到达指定位置时，不论是坐着还是站着，都表现得很想与面前的听众进行交谈。

2. 口头表达时的身体语言

如果是站着进行口头表达，应该让手中握着讲稿或者指示棒。如果是坐着进行口头表达，应该把手平稳地放在桌上，或者拿着讲稿。如果想用手势进行强调，记得先放下手中的讲稿。

在指向想提问的听众时，应松开手掌对着所指向的人并敞开，千万不要用手指指着对方。

切忌在口头表达过程中挥舞手臂、擤鼻涕、抠耳朵，或者是将手插在裤兜里。

在暗示听众认同所提供的信息时可以将身体向观众靠近。在其他时候，可以走回屏幕前，或者转身看看坐在两侧的听众，以加强语气并帮助建立与听众的联系。

在接受提问时，应该微笑地看着提问者；在回答完问题后，应该再次微笑地看着提问者。在回答问题的过程中，则应该环视所有的听众，让他们都体会到参与感。即使是在遇到不同的意见时，也应该保持温和，而不是侵略性的姿态。

3. 结束时的身体语言

在提问结束，也就是口头表达结束后，应该自然地坐下，或者回到原来的位置上。由于仍然暴露在听众的目光下，因此，不要表现出终于松了口气，甚至是筋疲力尽地瘫坐在椅子上。因为这将是学生最终留给听众的印象。

11.9 克服紧张

在进行口头表达时，学生需要有点紧张。紧张可以带给学生兴奋感，并促使其努力做得更好。但是，学生也不应紧张到不知所措。很简单，解决的最好方法就是确保已经准备了足够丰富、准确和有用的内容。并且，在视觉辅助的帮助下进行了认真的排练。最后，学生还必须对口头表达的内容，以及自己向其他人传达这些内容的能力充满自信。

11.10 准备口头表达

即使是最有经验的学生也认为：良好口头表达的秘密在于提前准备。口头表达涉及两个必不可少的方面：首先是内容，其次是方式。不论学生口头表达的水平有多高，只要内容很差，口头表达就一定会失败。因此，口头表达的重点应该被放在对内容的选择上。在 20 分钟内对一份具有 1 万字的学位论文进行面面俱到地表达是不现实的。毫无疑问，学生需要对学位论文进行总结，将其中的主要观点压缩在允许的时间内进行表达。同时，也不能丢失其中的关键内容。为了达到以上要求，学生需要做到以下两点：

（1）对自己的学位论文非常清楚，知道哪里是关键的核心内容；

（2）熟悉评审规则。知道哪些人将会出席；对口头表达的格式、时间，以及字数的要求。

学生还需要在口头表达前准备回答问题，这些问题包括：

（1）研究的结果是什么？

（2）研究的主要贡献是什么？

（3）结论是如何得出的？

（4）结论的正确性如何？如何证明结论的正确性？

（5）研究的局限性是什么？

当然，如果在整个准备过程中能够得到导师的指导将是非常幸运的。

11.11 口头表达技巧

以下提供了口头表达时的一些有用技巧：

（1）手里拿着学位论文坐下来，但是，并不打开；

（2）感谢评委提供的报告机会；

（3）清楚并简洁地回答问题；

（4）使用来自学位论文的观点、思想和实例回答问题；

（5）需要的时候参考学位论文中的关键文字；

（6）不要在学位论文中漫无目的地寻找，应该使用书签帮助快速检索；

（7）如果评委似乎不会提到学位论文中的关键问题、新的发现和贡献，那么，主动提出这些关键问题、新发现和贡献，并征求评委的意见；

（8）在评委指出问题时，立刻思考并回答：这些问题是否已经超出了学位论文的研究范围，是下一步需要研究的问题；

（9）不要轻易回答尚未清楚理解的问题，可以要求评委进一步对问题进行明确；

（10）不要引入在学位论文中没有出现过的新信息和新思想，因为这可能招致从现在起做更多工作的建议。但是，一定要认识到并且明确说明：其他人会对这些思想和领域感兴趣并开展研究，或者自己将在今后的研究中从事这方面的工作；

（11）确保涉及并回答了每位评委所提出的问题；

（12）使用眼神交流。

11.12 口头表达形式

作为与同行和导师共享研究的有益途径，现实中存在着两种主要的口头表达形式：正在进行中的研究的口头表达，以及处在不同研究阶段的会议口头表达。

11.12.1 正在进行中的研究的口头表达

这种形式的口头表达的目的是共享学生截至目前所从事的研究内容、所采取的研究方法和原因，以及所取得的研究成果。口头表达提供了提出问题，寻求同行帮助的机会。通过这样的口头表达可以得到一些有帮助的信息。

11.12.2 会议口头表达

又包括以下几种形式：

（1）提供一篇文章，以及与这篇文章有关的一些问题给参会者，要求参会者针对问题进行回答；

（2）组织交互性研讨会，在介绍完已经开展的研究工作后，请参会者就研究的思想和发现进行提问，并给出意见和建议；

（3）制作具有视觉冲击效果的海报（Poster），对部分研究中的主要问题和发现进行总结。海报的内容通常很短，类似文章摘要。海报作者届时将站在海报旁边向任何对其研究感兴趣的参会者介绍其研究并与之进行交流。

11.13 评价口头表达

无论是评委还是学生都可以参考使用表 11-1 中给出的项目和标准对口头表达进行评价。

表 11-1 口头表达评价表

项目		评语	优秀/良好/中等/及格/不及格
整体结构	引言		
	内容		
	结论		
幻灯片质量	内容		
	布局		
	顺序		
	一致性		
表达风格	谈论		
	自信		
	姿态		
回答问题	解释		
	清晰性		
	讨论能力		
	控制能力		
时间	时间控制		
总计	整体表现		

11.14　小结

通过口头表达，学生可以与他人共享研究；帮助清楚地表达、控制和评价研究；获得反馈，帮助进一步完善研究。

在进行口头表达之前，学生需要了解听众及其预期，目的是将表达内容与听众的现有知识联系起来；强调能够引起听众兴趣的部分；避免基本知识以及没有完全理解的内容；尽力传递给听众详略得当的内容；进一步的信息可以通过提问获得。

通常，口头表达的基本结构包括三部分，分别是：开始（引言）部分用于说明将要表达的内容。中间（内容）部分用于表达内容，需要符合一定逻辑，而绝不是漫无目的地组织。结束（结论）部分用于说明已经表达过的内容。

口头表达强调内容简洁、逻辑清晰。其中，最容易犯的错误是对基本知识表达过多。对于听众来说，长时间集中精力（超过 20 分钟），或者思考复杂问题是困难的，因此，应直接表达观点和知识。更加详细的内容可以通过学位论文获得。为了确保口头表达的内容不至于过多，唯一的方法就是试讲。

在口头表达中，重要的观点需要被强调。其中，最简单的方法就是明确地告诉听众："这个观点很重要"。另外，还可以使用视觉辅助设备，比如，使用电脑和投影仪将图像和声音同时展现给听众。

总结是口头表达的最后一部分，用于说明"已经表达过的内容"。在总结中，切忌引入新内容，同时，还应该清楚地告诉听众其所具有的独立性。

在使用打印的讲义或者计算机投影的幻灯片时应注意：解释每张幻灯片的时间应在平均 4～5 分钟；每张幻灯片都明确表达一定而不是所有内容；幻灯片应该对于所有听众是可读的（文字是清晰和足够大的，避免出现大段文字，使用项目符号进行内容的结构组织和强调，不建议复制复杂的图或者表，配合幻灯片提供打印的讲义）；使幻灯片在形式上吸引人并保持一致。

在口头表达中，与声音有关的个人技巧主要包括：语速、音量、音质、语调和遣词用字。控制语速的关键是不打断语意的流畅感。建议学生的最佳语速是每分钟 160～180 个字。合适的音量是既要使所有听众都能听清楚，同时，又不会觉得刺耳，有压抑感。在控制好语速和音量的基础上，还要确保能够清楚地咬文嚼字，不会含糊不清，切忌喃喃自语。学生还必须使自己的声音变得抑扬顿挫，可以采用的方法包括：对关键字进行强调，使用恰当的停顿，偶尔向听众提问等。在遣词用字方面，应该选用传达最接近原意的字词。对于学生来讲，使用身体语言可以说服听众信服其所表达的内容，并鼓励听众回应。对于听众来讲，也可以利用身体语言回应对学生所表达内容的态度（佩服、鼓励或者无聊），以及对所传达信息的看法（有趣、同意或者反对）。学生在不同阶段应使用不同的身体语言。在开场时，以轻快而从容的步伐进入现场；抬头挺胸并且面带微笑地看着听众；表现出很想与听众交谈。在表达时，站着表达应握着讲稿或者指示棒；若坐着表达应把手平稳地放在桌上，或者拿着讲稿；用手势强调前先放下讲稿；在指向提问听众时松开手掌，不要用手指着对方；切忌挥舞手臂、擤鼻涕、抠耳朵，或将手插在裤兜里；在暗示听众认同所提供的信息时将身体向观众靠近；在接受提问时应微笑地看着提问者；在回答完问题后应再次微笑地看着提问者；在回答问题的过程中应环视所有听众；在遇到不同意见时应保持温和，而不是侵略性姿态。在结束时，自然坐下，或者回到原来的位置；不要表现出终于松了口气，甚至筋疲力尽地瘫坐在椅子上。

紧张可以带来兴奋，并促使学生做得更好。但是，学生也不应紧张到不知所措。克服紧张的办法包括：确保准备了足够丰富、准确和有用的内容；在视觉辅助的帮助下进行认真排练；充满自信。

良好口头表达的秘密在于提前准备。对内容进行选择的前提是知道关键核心内容并熟悉评审规则。另外，需要准备回答的问题包括：研究的结果是什么？研究的主要贡献是什么？结论是如何得出的？如何证明结论的正确性？研究的局限性是什么？

口头表达时可以使用的技巧包括：拿着学位论文坐下来，但并不打开；感谢评委提供的报告机会；清楚并简洁地回答问题；使用学位论文的观点和实例回答问题；参考学位论文中的关键文字；使用书签帮助快速检索；主动提出关键问题、新发现和贡献，并征求评委意见；在评委指出问题时，立刻思考并回答：问题是否超出了研究范围；不要轻易回答尚未清楚理解的问题；不要引入学位论文中没有出现的新信息；确保回答了每位评委提出的问题；使用眼神交流。

口头表达的形式包括“正在进行中的研究的口头表达”和“会议口头表达”。前者的目的是共享截至目前的研究内容、研究方法和原因，以及取得的研究成果。它为学生提供了提出问题、寻求帮助的机会。后者又包括三种具体形式，分别是：提供文章及相关问题，要求参会者回答问题；介绍研究后，请参会者提问，并给出建议；制作海报，总结研究中的主要问题和发现。

对口头表达的评价可以从“整体结构”、“幻灯片质量”、“表达风格”、“回答问题”，以及“时间”五个方面进行考察，分为“优秀”、“良好”、“中等”、“及格”，以及“不及格”五个层次。

11.15 习题

（1）简述口头表达的重要性。

（2）为什么要了解听众？

（3）简述口头表达的基本结构。

（4）如何使口头表达内容简洁、逻辑清晰？

（5）如何在口头表达中进行强调？

（6）如何对口头表达进行总结？

（7）如何在口头表达中使用视觉辅助？

（8）如何在口头表达中使用声音？

（9）如何在口头表达中使用身体语言？

（10）如何在口头表达时克服紧张？

（11）如何准备口头表达？

（12）简述口头表达技巧。

（13）简述口头表达的形式。

（14）根据本章叙述，对之前撰写的研究申请进行口头表达，并请同学和导师帮助评价。

第 12 章　撰写研究报告

内容提要

正式的研究报告是学生传播其研究成果的主要媒介。本章首先阐述了撰写研究报告的目的。之后，介绍了发表研究报告的步骤。尽管可能会发现不同，但是，标准的研究报告通常都包括“标题页”、“摘要”、“背景”、“文献综述”、“方法”、“结果”、“结论和建议”、“参考文献”，以及“附录”。另外，在撰写研究报告时，学生还需要在研究报告的长度和细节上进行适当的折中，围绕核心内容进行撰写。最后，优秀的研究报告还必须以适当的写作风格为基础。

本章重点

- 撰写研究报告的目的
- 发表研究报告的步骤
- 研究报告的结构
- 围绕核心内容
- 写作风格

12.1　撰写研究报告的目的

正式的研究报告是学生传播其研究成果的主要媒介。研究报告最常见的形式是覆盖研究领域所有主要问题的学术期刊。这些学术期刊通常被冠以“……研究”，或者类似的名字，并且，每隔一定时间就会出版一次，称为一期，而每期中都会刊登数量不等的学术论文，或者是与研究领域相关的几页书评。研究报告的其他形式还包括会议论文集和内部出版物，比如：技术文章（Technical Papers），以及正在开展的工作报告（Work in Progress Reports）等。

绝大多数学生都愿意将自己花费了大量时间和精力所取得的研究成果公之于众，以便可以让同行或者其他人了解他们所做的工作，这几乎是一种自然倾向。就像在工厂承担研究工作的人员，他们总是愿意将自己的研究成果展示给他们的直接领导，希望借此获得领导的信任和奖励。

除了上述自然倾向外，撰写研究报告的另外一个重要目的是：学生可以借此让其研究成果得到同行专家，以及其他相关研究人员的认可。众所周知，研究的目的是为了在人类已经掌握的知识体系中不断补充新的知识。尽管补充的知识数量可能很少，并且意义也可能不是很大。但是，为了能够让这种努力更有价值，更加有效，就必须让学术同行有机会对学生撰写的研究报告进行评价。如果学生取得的研究成果不能得到学术同行的普遍认可，那么，这些研究成果将很少有机会在同行中得到所期望的广泛传播。

无论撰写研究报告的目的是什么，一个非常重要的原则是：研究绝不是一项私人活动，学生应该向同行报告研究所取得的成果。只有这样，学生及其同行才能够对研究及其所取得的成果展开充分和正确的讨论。也只有这样，同行才可能有机会阅读和分析到学生所从事的研究，以及通过研究所取得的成果。之后，如果同行愿意，他们就可以根据研究报告重复研究工作，并复现研究成果。从某种意义上讲，这也是对任何研究成果的最后检验。如果同行能够在尽可能相似的环境下重复研究，并且取得相同或者非常相近的研究成果，那么，这无疑是对研究及其所取得成果的最有力证明。

最后，上述重复研究还可以为同行提供完善现有研究，或者拓展新研究领域的机会。事实上，在很多学术期刊上，有时可以读到两个学生之间正在进行的辩论。在这场辩论中，一方会在期刊的某一期上发表研究报告对前一期中所发表的研究报告进行评论，而在接下来的一期中，被评论的原作者则会做出回应。有时，这样的辩论甚者可能持续几期，从而使期刊成为一份非常有趣的读物。

12.2　发表研究报告的步骤

在接收投稿并最终出版方面，大多数的研究报告都遵循着类似的过程，其中活动的大致顺序如下：

（1）作者以规定的格式将研究报告投寄给期刊编辑。尽管期刊编辑通常都愿意就投稿的研究报告给出一般性建议，但是，绝大多数投稿的研究报告都是在事先没有征求编辑意见的情况下主动投寄的，比如：期刊编辑通常都愿意就一篇文章的主题是否适合某种特定期刊为作者提出建议；

（2）在收到研究报告后，为了确定其性质，编辑需要对其进行仔细阅读。之后，将其送给两位独立的，具有合格资质并具有丰富经验的评审人。为了确保评审的公正性，在送出研究报告之前，研究报告的作者姓名通常都会被删除。如果评审人从他们认识的学者或者学生那里得到一篇需要评审的研究报告，那么，他们就会陷入非常尴尬的境地；

（3）之后，根据事先由编辑或者管理委员会确定的标准，评审人需要完成对研究报告的评审，并在给出评审意见（录用；稍做修改后录用；重大修改后，经过编辑或者评审人的再次评审后录用；拒绝录用）后将研究报告返还给编辑；

（4）编辑在阅读了评审人的评审意见后，在不暴露评审人姓名的情况下，通过书面形式将评审结果通知给作者；

（5）出版研究报告。为了确保期刊的每一期都有足够数量的研究报告被出版，绝大多数期刊都会提前很长一段时间用来计划每一期的出版内容。这也就意味着：在看到自己的研究报告被出版之前，作者不得不等上一段时间。一般来讲，研究报告从提交到最终出版，等待12个月是很正常的。

12.3 研究报告的结构

理论上，学生可以选择任何结构撰写研究报告，也就是说，研究报告可以是期望的任意长度和格式。但是，以个人主义的方式做事总会存在缺陷，特别是在研究领域。首先，由于没有遵循被普遍接受的学术规范，其他人很可能不会认真对待你的研究。其次，仅仅由于缺少正确的结构，你很可能会陷入忽略研究中重要方面的危险之中。对于刚刚开始从事研究的学生来说，首先采用标准结构，之后，基于广泛阅读获得的新思想对标准结构进行适当的调整无疑是撰写研究报告的更好方式。至少，采用相对标准的结构可以使学生避免犯下较为严重的错误。

尽管可能会有所不同，但是，一份标准的研究报告通常都会包括以下内容：

（1）标题页；

（2）摘要；

（3）背景；

（4）文献综述；

（5）方法；

（6）结果；

（7）结论和建议；

（8）参考文献；

（9）附录。

12.3.1 标题页

标题页包括研究项目的标题、作者的姓名、作者的隶属单位，以及其他相关信息，比如：研究资助单位等。图12-1是标题页的一个示例。

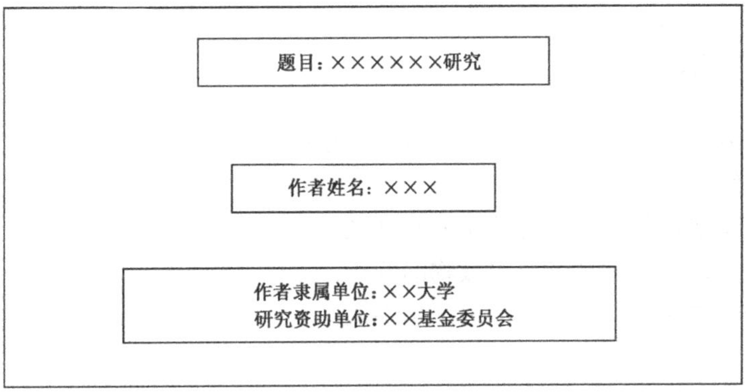

图12-1　标题页示例

12.3.2　摘要

摘要是对整篇研究报告的简要总结或者大纲，包括研究的背景、目的、方法、结果，以及结论。撰写摘要的目的是向读者简要说明研究报告的主要研究内容，以及通过阅读整篇研究报告可以获得的知识。一般使用 200～300 个字撰写摘要。在使用双倍行距时，一定不要超过一页 A4 纸。通过检查期刊上的文章可以发现：摘要一般采用斜体印刷在文章的开始位置，使用小号字体，窄间距，占用一页纸三分之一的篇幅。

摘要的下方一般都有关键词。关键词是反映研究报告主要内容的术语。使用关键词，可以极大地方便读者对文章的检索。另外，通过关键词还可以让读者快速了解研究报告所论述问题的范围，以及问题研究所采用的方法，甚至是研究的大致内容。

12.3.3　背景

也可以简单地称这部分为“引言”。撰写这部分的目的是向读者解释从事一项研究的背景。尽管可以在这部分撰写很多相关方面的内容，但是，在撰写时还是应该遵循以下的一些建议：

（1）解释研究最早是如何出现在脑海中的，即：给出研究的原始动机。

（2）描述通过研究可以获得的成果，可能包括：扩展视野；为客户或者同行提供更好的服务；制定更合适的政策或决策。

（3）简单描述完成研究的地点，以及样本属性等相关研究信息。

（4）列出研究目的。可以用多种方式表达目的。但是，最好的方式是精确阐述研究可能取得的成果。如果还是不确定该如何表达，可以将在研究前所不知道的，而期望在研究后知道的东西简单地写下来，比如，调查一项创新性市场营销战略对销售数据的影响；比较一个国家不同地区的销售分布；比较两种新产品的销售数据。

12.3.4 文献综述

综述研究领域所涉及的现有工作，并应该注意：
（1）将研究纳入综述的背景之中；
（2）解释研究如何建立在现有的研究基础之上；
（3）给出研究领域现有文献及出版物的例子；
（4）说明研究是在现有基础上的进一步深入。

12.3.5 方法

这部分需要对以下方面进行说明：
（1）研究的概念框架，包括使用的实际概念；
（2）研究设计，包括特定方法的选择及其被选择的理由；
（3）数据采集方法，选择方法的理由，涉及的伦理问题，执行数据采集的方式，可能遇到的困难，克服困难的方法；
（4）采样策略以及样本选择合理性的讨论；
（5）所采集数据的类型；
（6）分析数据的方式；
（7）使用的计算机软件包；
（8）表达数据的方式。

12.3.6 结果

使用易于理解的方式展示研究的主要发现。在展示主要发现时，应该考虑以下几点：
（1）不需要展示所有的基础数据，而仅需要展示对基础数据进行总结后的结果；
（2）为了使读者能够更加直观和容易地理解数据，应尽量使用表格和图形（柱状图、曲线图，或者饼状图）进行展示；
（3）尽可能清楚地说明从数据中可以推出，以及不能推出的结果。

12.3.7 结论和建议

在结论部分，应将研究发现与研究目的相联系，并且说明研究目的的实现程度。最好还能够给出对未来研究的建议，以及研究成果的理论和现实意义，比如：实际应用，以及由于研究成果所导致的政策制定。

12.3.8 参考文献

参考文献应该包括所有在研究报告中提到的现有文献，包括书籍以及会议论文集等。撰写参考文献应该使用在第 9 章介绍的哈佛系统或者“使用数字”这样的标准参考文献撰写格式。

12.3.9 附录

撰写附录的目的是为了向读者提供与研究报告相关的信息从而支持作者的观点。附录中可以包括简短的文档复制、数据收集工具的实例，或者有关研究背景的特定材料。附录不应该是与研究仅有微弱联系的文档仓库，因此，不应将附录写得过于冗长和庞大。

12.4 围绕核心内容

根据以上给出的研究报告结构，似乎有很多内容需要写入研究报告。从某种程度上说，事实确实如此。但是，研究报告毕竟不是散文或者学位论文。它的读者通常都不会愿意去读一篇冗长而且又不得要领的研究报告。

另外，在撰写研究报告时，学生还需要在研究报告的长度和细节上进行适当的折中。一方面，绝大多数的研究报告读者都希望能够尽快地了解到研究的实质内容。另一方面，如果希望读者重复研究，并且取得相同或者类似的结果，就需要在研究报告中包括足够的细节。为了做到上述适当的折中，在撰写研究报告时还需要遵循以下要点：

（1）研究报告应做到尽量的精确和简明。既区别于散文和学位论文，同时，又需要包括足够的细节，比如关键词和概念等；

（2）在任何可能的地方使用编号或者项目符号列举观点，特别是在描述目的时。使用这种形式，读者可以更容易地获取报告中的信息。当然，这种方法也适合用在描述结论和建议上；

（3）在文献综述中，仅关注与研究密切相关的主要观点，不要试图提供整本书籍的大纲；

（4）在研究方法部分，不需要讨论所有可能的方法和研究设计，而仅需要解释所选择方法的细节，同时说明选择这种方法的原因；

（5）在数据分析部分，不要连篇累牍地展示基础数据，而应该展示总结后的数据，同时，说明数据采集方法。

12.5 写作风格

以相对规范而非主观的方式撰写研究报告是必要的。采用这种方式的主要目的是使学生能够尽可能地站在客观的立场上撰写研究报告，从而最大程度地消除由于主观和个人因素所带来的影响。这同时也造成了研究报告撰写过程中使用如下短语的倾向：

“研究被开展…”，

而不是

“我开展了研究…”，

或者

“问卷调查是首选的方法…”，

而不是

“我决定采取问卷调查方法…”。

综上所述，撰写研究报告的基本原则是使用第三人称单数，而不是第一人称单数。这种写作风格的形成很可能是因为受到了研究中经验主义和实证主义方法的影响，即：在撰写研究报告时，以科学研究中能够一定程度上消除实验人员影响的实验方法为榜样。但是，在研究更多地涉及人类及其之间的行为，以及数据通常是从人类而不是从科学实验中获得的社会科学问题时，想继续保持上述的基本原则就会变得非常困难，因为，人类对于他们在研究过程中所遭遇的对待非常敏感，而且，学生还不得不就如何执行研究，如何与研究对象进行交流，特别是如何在数据采集过程中处理遇到的伦理问题进行决策。这也就意味着：认为以人为对象的研究是客观和不受个人情感影响的想法是错误的。事实上，在很多情况下，这种研究都是非常主观的。因此，出现了一定程度上弱化撰写研究报告的上述基本原则，使其可以反映一定的主观因素的观点。

能够在上述所面临的主客观问题上达到平衡无疑是需要解决的问题。毕竟，研究报告既不是散文也不是小说，因此，在撰写时，必须保留大量的“科学”元素。但是，另一方面，在研究报告中也确实存在着可以使用第一人称单数的地方，比如：

（1）在描述研究以及收集研究数据的背景（比如学校或者公司）的引言部分；

（2）在反映对特定研究方法具有特殊偏好的文献综述部分；

（3）在说明对研究方法的选择，以及在将研究方法的选择过程与对提供数据的样本的了解相联系的时候。换句话说，在解释选择适合研究对象的研究方法的时候；

（4）在希望表明所提出的建议反映了个人对于研究结果意义的解释时；

（5）在被称为“自我介绍”的部分。许多作者有时也会将他们的学术及研究经历写入研究报告，目的是表明其个人背景对收集和解释数据的作用。

一些学生担心：撰写研究报告时使用过多主观元素的倾向将导致学术丧失严谨性。这确实是一个问题。但是，另一方面，适当地加入主观评价，可以使研究报告变得更加开放和真实，能够更加充分地暴露其本质。从这个角度讲，这种倾向事实上增强了研究报告的学术严谨性。

关于撰写研究报告的风格问题，永远都没有精确的回答，也不存在被所有人都接受的风格。但是，另一方面，确实又存在着倾向使用特定方法撰写研究报告的风格。总体上讲，从事实验和问卷调查的学生会倾向使用传统的客观风格，而采用行为研究模式的学生则会倾向使用更加个性化的主观风格。

如果希望找到一种既能够被学术所接受，同时又适合自己的写作风格，那么，一种可行的方法就是大量阅读使用类似风格撰写的研究报告。一旦这样的研究报告被刊登在学术期刊上，就说明它们已经通过了前述的评审过程，并且，它们的写作风格至少已经得到了一个研究学派的认可。这时，按照这样的写作风格进行研究报告的撰写就是安全可行的。

无论决定采用上述的哪一种撰写过程和风格，学生都会发现：所有的研究报告都会或多或少地遵循前面介绍的结构，并且，都会采用一种能够清楚描述研究并且可供他人借鉴和使用的写作风格。优秀的研究报告必须以适当的写作风格为基础。

12.6 小结

研究报告的主要形式包括学术期刊、会议论文集，以及内部出版物。其中，内部出版物又包括技术文章和对正在开展的工作的报告。撰写研究报告的主要目的是将研究成果公之于众；让研究成果得到其他研究人员的认可；重复研究可以为同行提供完善现有研究，拓展新研究领域的机会。

研究报告的发表过程通常包括以下步骤：作者将研究报告投寄给期刊编辑；编辑仔细阅读后将研究报告送给评审人；评审人给出评审意见（录用；稍做修改后录用；重大修改，再次评审后录用；拒绝录用）后将研究报告返还编辑；编辑以书面形式将评审结果通知作者；出版研究报告。通常，从提交到最终出版研究报告，等待 12 个月很正常。

学生可以选择任何结构撰写研究报告，但是，其他人很可能不会认真对待这样的研究，学生也很可能会忽略研究的重要方面。撰写研究报告的更好方式首先是采用标准结构，然后是对标准结构进行适当调整。尽管可能会发现不同，但是，标准的研究报告通常都包括“标题页”、“摘要”、“背景”、“文献综述”、“方法”、“结果”、“结论和建议”、“参考文献”，以及“附录”。其中，“标题页”包括研究项目的标题、作者的姓名、作者的隶属单位，以及其他包括研究资助单位等相关信息。“摘要”是研究报告的简要总结或者大纲，包括：背景、目的、方法、结果，以及结论。目的是简要说明研究报告的主要内容，以及通过阅读可以获得的知识。一般使用 200～300 个字，下方有关键词（反映研究报告主要内容的术语）。“背景”也称为“引言”，目的是解释研究背景。在撰写时应该遵循的建议包括：给出研究的原始动机；描述可以获得的成果；描述相关研究信息；列出研究目的。在撰写“文献综述”时应注意：将研究纳入综述的背景之中；解释研究如何建立在现有研究基础之上；给出研究领域现有文献的例子；说明研究是在现有基础上的进一步深入。在“方法”部分，需要对以下方面进行说明：研究的概念框架；特定方法的选择及其被选择的理由；执行数据采集的方式、困难及解决办法；采样策略及样本选择的合理性；所采集数据的类型；分析数据的方式；使用的计算机软件包；表达数据的方式。在研究报告中，应仅展示对基础数据进行总结的结果，并且要尽量使用表格和图形，说明可以从数据推出以及不能推出的结果。在“结论和建议”部分，应说明研究目的的实现程度；对未来研究的建议，以及研究成果的理论和现实意义。“参考文献”部分应包括所有在研究报告中提到的现有文献，并使用标准参考文献撰写格式。

研究报告的“附录”应提供与研究报告相关的信息，以支持作者的观点，包括：文档复制、数据收集工具实例，以及有关研究背景的特定材料。附录不应该是与研究仅有微弱联系的文档仓库。

在撰写研究报告时，一方面，绝大多数研究报告的读者都希望尽快了解研究的实质内容。另一方面，如果希望读者重复研究，就需要包括足够的细节。因此，为了做到在长度和细节上的适当折中，学生需要遵循以下要点：做到尽量的精确和简明；尽量使用编号或者项目符号列举观点；文献综述中仅关注与研究密切相关的观点；仅解释选择的方法细节以及选择的原因；说明数据采集方法，展示总结后的数据。

尽管应以相对规范而非主观的方式撰写研究报告。但是，社会科学研究却不免会弱化客观原则，在以下地方可以使用第一人称单数：描述研究以及收集数据的背景的引言部分；反映对特定研究方法有特殊偏好的文献综述部分；在解释选择适合研究对象的研究方法的时候；在表明提出的建议反映了个人对研究结果意义的解释的时候；在被称为“自我介绍”的部分。通常，从事实验和问卷调查的学生更倾向使用客观风格，而采用行为研究的学生则更倾向使用主观风格。如果希望找到一种既能够被学术所接受，同时又适合自己的写作风格，那么，一种可行的方法是大量阅读已被刊登的研究报告。优秀的研究报告必须以适当的写作风格为基础。

12.7 习题

（1）简述研究报告的主要形式。

（2）简述撰写研究报告的目的。

（3）简述发表研究报告的步骤。

（4）标准研究报告的结构包括哪几个部分？

（5）简述研究报告的“标题页”。

（6）简述研究报告的“摘要”。

（7）简述研究报告的“背景”。

（8）简述研究报告的“文献综述”。

（9）简述研究报告的“方法”。

（10）简述研究报告的“结果”。

（11）简述研究报告的“结论和建议”。

（12）简述研究报告的“参考文献”。

（13）简述研究报告的“附录”。

（14）简述围绕核心内容需要遵循的要点。

（15）简述如何使用适当的写作风格？

（16）根据本章叙述，参考附录二给出的研究报告例文，对自己的研究进行总结，并撰写一篇研究报告。

第 13 章　伦 理 问 题

内容提要

处理人类行为及品格的哲学分支被称为道德哲学，也被称为伦理。不论进行何种研究，都需要确保已经考虑了伦理问题。本章首先介绍了伦理的概念，以及符合伦理地进行研究的必要性。其次，分别就学生研究中可能遇到的七项涉及尊重研究对象的重要伦理问题进行了阐述。然后，介绍了科学研究中应该遵守的七条基本原则。最后，就学生学位论文的出版许可以及保密问题进行了论述。

本章重点

- 伦理
- 符合伦理地进行研究
- 尊重研究对象
- 良好的科学实践
- 出版许可
- 保密问题

13.1　伦理

处理人类行为及品格的哲学分支被称为道德哲学，也被称为伦理。

本章所要讲述的正是处理诸如："应该做出怎样的选择？"以及"这样的行为是否公平？"等涉及不确定性，以及意见冲突的伦理问题。当然，还可以进一步出于分析一般标准的需要提出诸如："如果这种行为被认为是正确的，那么，这里'正确'的真正含义是什么？"等类似问题。对上述一般标准的分析通常被称为欲望伦理。除了欲望伦理之外，针对社会实际持有怎样的伦理信仰的研究被称为描述伦理，它存在于哲学和社会科学之间。另外，建立在被社会普遍接受的规范基础之上的，涉及权力标准的规定被称之为规范伦理，或者，有时也被称之为哲学伦理。

上述有关伦理的术语很容易使人感到迷惑。幸运的是：在这里，没有必要完全弄清上述术语的确切含义。尽管它们确实是令人着迷的研究领域，但是，有关道德哲学或者伦理的历史及其发展的描述已经超出了本章所要讨论的范畴。

简单地讲，伦理实际上就是了解正确或者错误的标准，然后做出正确的选择。但是，正确的选择并不像许多伦理文献所描述的那样直截了当。研究中遇到的绝大多数伦理问题都不会像“Bob 应该偷 Jack 的东西吗？”，或者“Jack 应该向老板撒谎吗？”这样直截了当。

许多伦理学家认为：基于道德准则总是存在需要做的正确选择。另一些伦理学家认为：需要做的正确选择最终还得依赖个人。而许多哲学家则认为：伦理是一种行为科学。Twin 认为：“伦理涉及人类生活依赖的最基本准则”。有关伦理问题，从 Socrates 到 Plato，哲学家已经讨论了 2500 年。许多伦理学家将正在形成的伦理信仰看做是当代的法律问题，比如：正在成为伦理指南的准则经常被转换为明天的法律和规章制度。指导人类产生应有行为的价值则被认为是道德价值，比如，尊敬、诚实、公正、责任等。

综上所述，伦理是一个哲学分支，它涉及人类的行为规范，是一门规范科学。因此，伦理始终与行为规范、道德标准，以及行为指南紧密相连，涉及人类对于“正确”和“错误”的判断。

13.2 符合伦理地进行研究

不论进行何种研究，都需要确保已经考虑了伦理问题。自从第二次世界大战后提出研究必须符合伦理的主张之后，伦理就一直是研究涉及的一个主要问题。在此之前，由于研究一直宣称独立于伦理，只是将注意力集中在“纯粹地”推动知识的向前发展，而不关心问题和结果的代价上（比如，原子弹和细菌战的出现），因此，第二次世界大战之后，在研究中引入并维护伦理监督就成为研究管理的一个重要方面。各种各样的伦理指南都坚持认为：研究人员不应该对人类做出任何身体或者心理上的伤害，并且，在对人类进行研究之前，研究人员还必须取得研究对象的完全同意。尽管动物明显无法表示同意或者拒绝，但是，伦理问题也同样存在于涉及动物的研究之中。因此，需要更加广义的伦理概念。如果认真考虑伦理问题，那么，考虑研究的长期结果是必须的。尽管实际的实验看起来好像并没有伤害到任何人，比如，炸弹和战争武器的开发并没有直接以人为实验对象，但是，这种实验的结果还是需要被全面地加以考虑。

综上所述，任何研究都必须在一定的伦理范围内进行，这是来自社会、研究资助者，以及大学的共同要求。

（1）来自社会的要求。如前所述，研究的目的就是要扩展社会的知识总量，而在这一过程中，研究人员发挥着重要作用。公众一般都会将研究人员看做是具有高智商、受过良好教育、穿着白大褂、手中拿着试管进行实验的一群人。公众对于这些在高尚领域从事研究工作的研究人员的印象为他们带来了对研究人员的如下一些相关行为规范假设：讲真理、准确报告研究发现、尽量以可以被理解的方式表达研究结果、诚实地对待研究的成功和失败等。总而言之，公众对研究人员的尊重要求研究人员在一定的伦理范围内进行研究。

（2）来自研究资助者的要求。如果研究人员所从事的研究是由研究资助者提供资金进行资助的，那么，在接受资金资助时，研究资助者通常都会在伦理方面对研究人员提出一定的要求，比如，英国经济和社会研究委员会就要求所有接受其资助的研究组织和个人都必须按照英国研究委员会 1998 年发布的“确保良好科学实践”中所规定的伦理要求开展研究。而另一方面，受到资助的研究人员也有责任向研究资助者提供其完全考虑了与其研究相关的所有伦理问题的证明。

（3）来自大学的要求。对于正在大学攻读学位的学生来说，他们在进行研究时还必须考虑其所在大学就伦理问题做出的相关声明。在其制定的研究计划中最好包括一份有关伦理方面考虑的专门说明。以下是某大学有关伦理的一条规定：“研究必须承认研究对象的利益，必须与良好的科学实践相一致，必须对知识有所贡献”。

13.3 尊重研究对象

一定程度上，任何研究都会侵犯个人或者组织的隐私，这也是为什么学生经常处在进退两难境地的原因。仅有研究学问的强烈愿望并不意味着他人就有义务为研究提供帮助，或者虽然学生认为研究至关重要，一定会造福人类，但是，其他人可能并不这么想。即便他人也认同了研究的重要性，但是，他们也可能会同时认为：对于他们来说，参与研究所带来的消极作用要比所带来的普遍积极作用更大。也就是说，潜在的研究对象更可能在其所感知的研究价值与研究对其个人的影响之间做出权衡。

作为学生，关注数据的收集以及结论的得出是可以理解的。但是，为了达到这个目标，学生总是需要求助他人。毕竟，研究是人类行为中很重要的一种协作方式。从伦理的角度出发，理解研究对象所处的环境，并从他们的角度考虑问题对于任何学生来说无疑是非常重要的。以下将深入考察研究中可能遇到的几个涉及尊重研究对象的重要伦理问题。

13.3.1 征得同意

经常会听到这样的案例：有人被劝说参加了一项研究，但是最终却受到了伤害。其中，明显最坏的案例是涉及药物或者军事的研究。幸运的是，这样的事情现在很少发生，因为通过普遍存在的正式以及非正式的检查，这类事情发生的概率已经被最小化。但是，如果发生了这样的事情，其原因通常都是因为破坏了研究所需要遵守的一个重要伦理原则——征得同意原则，即：在进行研究之前，应该首先征得研究对象的同意，比如，在研究对象是那些将被调查的个人或者被研究的群体时，研究对象就有权从调查或者研究中退出，并有权拒绝回答问题或者拒绝被研究。因此，在研究的每个步骤开始之前，学生都应该首先征得研究对象的同意是非常重要的。

13.3.2 提供研究信息

人类是自治的，他们拥有进行调查以及决定是否参与调查的自由意志。因此，为了实现研究对象的自由意志，他们需要完全了解研究的性质，以及研究的进展。只有这样，研究对象才能真正处于同意参加的位置上。换句话说，在给出同意参加研究的决定之前，研究对象应该被完全地“告知”。

由于研究是一项非常复杂的活动，因此，潜在研究对象希望被告知的方面也会有很多，其中包括：

（1）研究是如何被启动的；

（2）参与研究的学生的名字；

（3）学生的雇主；

（4）研究的资金资助者（如果有的话）；

（5）支持研究的个人或者组织；

（6）研究的目的；

（7）所收集数据的性质；

（8）发布结果的安排；

（9）结果是否将被用于政策制定。

当然，以上给出的并不是全部信息，还存在其他可能使潜在研究对象感兴趣的信息。由于给出研究对象有关研究的每一个细节是既不可能也不实际的，因此，在向研究对象提供信息之前，应该对信息进行合理地选择。准备一个只需两三分钟就能够读完的简要提纲是一个好的办法。这个提纲经复制后可以分发给每个潜在的研究对象。采用这个办法的好处是：可以保证每个潜在研究对象获得关于研究的相同信息，同时，也不会因为省略的一些信息而造成误解。正像许多雇主为新雇员组织介绍会一样，为研究对象上一堂介绍研究的课也是非常有帮助的。

研究对象或许也会对资助研究的资金来源，以及资助者的身份感兴趣。对于绝大多数学生来说，研究仅仅是为了获得个人荣誉而实施的个人行为。但是，在有些情况下，研究却是由商业组织或者大学资助的，这时，如果研究对象认为研究资助者是他们商业上的竞争对手，那么，公开资助者的身份对于他们来说才是公平的。但是，如果这样做，研究对象就很可能在展示诸如市场数据这样的信息时变得非常谨慎。在遇到这种问题时，应该选择不公开研究对象的身份。

13.3.3 有权利退出

作为研究对象的个人或者组织的另一重要权利就是退出研究。在研究开始时，由于认为研究是有趣的，因此，研究对象同意参加研究。但是，随着研究的进行，研究对象开始逐渐失去对于研究的兴趣。让作为研究对象的个人或者组织清楚地知道：无论什么原因，在任何他们不愿意被继续研究的时候都有权退出研究是非常重要的。对于组织来说，退出研究可能要比个人更容易些。有时，个人会开始感到作为研究对象有强迫感，甚至产生疑虑。因此，作为研究人员，学生在数据收集时应尽量不使作为研究对象的个人感到压力或者不安。有时，也会出现这样的情况：调查对象开始感到面谈过程并不像他们开始时所想象的那样轻松愉快，但是，学生却没有注意到调查对象的这种情绪变化。让研究对象感到：他们可以随时说出他们的想法，并且可以单方面地退出研究是非常重要的。

13.3.4 匿名

无论个人还是组织都有隐私权，它既是公民权也是伦理权，比如，禁止雇员在公众场所谈及组织就是一些组织与其雇员所签订合同中的一条。因为，这些组织更喜欢通过与公众联系或者与媒体联系的人员来发布他们的公开声明。作为可能破坏此项规定的研究对象，在谈及组织时，他们最好能够事先征得主管人员的同意。

确保所收集的数据中没有包括特定个人或者组织的名字，甚至没有包括能够被轻易发现信息来源的线索是保证研究对象匿名的一种有效方法。对于组织的情况，可以编造一个没有提供组织真实身份线索的名字，比如：将一家主要的巧克力生产商命名为“Chocbar Ltd”就不是一个好方法，因为在识别组织身份时，这个名字会帮助将目标锁定在仅有的几家公司之一上。除非产品性质对学位论文是非常有意义的，否则，想出一个与产品无关的名字将是一个好方法。另一个容易犯的错误是试图通过将某人描述成一个大型轿车制造商的人事主管来隐藏此人的身份。因为学位论文中的其他线索可能会暗示这家公司的名字，所以，即使是想识别出研究中的某个装配工都可能是件非常容易的事情。

如上所述，除非慎重地选择名字，否则编造出来的名字有可能出错。因此，如果不认为使用困难的话，在指人的时候使用 X 小姐或者 Y 先生，在指组织的时候使用 Z 组织，这样就会使学位论文看起来相对正式。在这个问题上确实没有简单的解决方案。或许最好的方法就是在学位论文的引言部分清楚地声明已经尽了最大努力隐藏研究对象的身份，这样做的目的是为了尊重他们的隐私，比如：

> **匿名声明**
>
> 本学位论文作者非常感谢那些奉献时间充当研究对象的人。为了尊重他们的隐私，在本学位论文中使用的都是他们的化名。

13.3.5 避免伤害

对于医生来说，避免伤害是其始终应该遵守的基本医学伦理原则。Claude Bernard 将这一原则扩展到了研究领域，认为：任何人都不应该在不考虑他人应得利益的情况下伤害对方。然而，为了避免伤害，学生需要首先了解什么能够造成伤害，并且，在对其进行了解的过程中，学生很可能已经暴露在受到伤害的危险之中。更进一步，医生的基本伦理原则也要求他们根据其最好的判断使病人获益。同样地，了解事实的利益所在可能要求将学生暴露在危险之中，而决定不考虑所涉及的风险去寻求特定的利益，以及因为风险而放弃获取利益的合理时机则是由于这种需要所带来的问题。

由于不但涉及特殊研究项目，而且还将涉及整个研究组织，因此，避免伤害的责任不仅影响学生个人，而且还会普遍地影响整个社会。在特殊研究项目中，学生及其所在的大学和学院都有责任预见最大化的利益，以及可能由于研究所带来的风险。总体上讲，在科学研究中，处在较大社团中的成员应该承担识别由于知识不完善、新的药物、精神疗法，以及社会过程所带来的长期利益和风险的责任。

在许多以人为研究对象的研究领域，避免伤害通常扮演着明确而公正的角色，比如，在涉及儿童的研究中，研究治疗儿童疾病以及抚育其健康成长的有效方式无疑是有益的。这种益处可以被用来证明涉及儿童的研究，即使是在单独的研究对象不能直接受益的情况下也是正当的。研究还可以避免由于应用之前被普遍接受，而近期研究却被证明是危险的通常做法所引起的伤害成为可能。但是，避免伤害的作用并不总是如此清晰，比如，对于表现出很小风险，同时又对所涉及的儿童没有直接近期利益的研究，困难的伦理问题将一直存在。尽管其他研究人员已经指出：避免伤害作用的不清晰可能使很多预示着在未来对儿童具有巨大利益的研究被排除在外，但是，还是有一些研究人员认为：避免伤害作用不清晰的那些研究是不能被认可的。与其他所有困难情况一样，涉及避免伤害的不同观点可能发生冲突，并因而面临困难的选择。

13.3.6 避免欺骗

征得研究对象同意明显是为了避免欺骗。但是，也有一些学生认为：在揭发一些穷凶极恶的组织或者个人时使用一些欺骗手段是合理的。一些研究就曾经使用过欺骗手段，比如：Dalton叙述了自己在过去几年中作为经理偷偷地对一些企业的管理情况进行了研究。他让秘书收集信息，雇用社会失业人员了解会员制经理俱乐部的重要作用，利用有不满情绪的人对抗组织，并请好朋友帮忙等手段获取数据。为了研究空军的征兵标准，在另一个研究项目中，研究人员还曾经使用了整形手术、减肥，以及谎报年龄等手段。换句话说，为了开展研究，一些研究人员一直都在准备使用伪装和掩饰等手段。

在能够获取的知识利益超过了通过遵守保密和匿名规范所能够最小化伤害的前提下，使用一些欺骗手段或许是可以被接受的。尽管学生没有必要为了达到研究目的，总是努力地保持诚实、直接和清晰，但是，他们也不应该经常地使用欺骗。他们不应该窃取数据，不应该直接向研究对象撒谎。尽管可以在一定程度上隐瞒个人身份，但是，他们不应该违背其曾经向研究对象所做出的承诺。在处理明显的欺骗与公开之间的平衡时，学生应该充分考虑到研究对于研究对象，而不仅仅是自己带来的后果。

13.3.7 尊重自治能力

对个人自治能力的尊重至少应该包括以下两条基本伦理信仰：

（1）每个人都应该被看做是具有自治能力的智能体；

（2）自治能力受到损害的个人应当受到保护。

以上两条基本伦理信仰可以被进一步划分为以下的两条基本道德要求：

（1）承认个人具有自治能力；

（2）保护自治能力受到损害的个人。

具有自治能力的个人是指具有能力考虑个人目标，并且能够在对目标进行思考的前提下产生行为的个人。尊重个人的自治能力就是要尊重具有自治能力的个人的慎重选择。除非他们做出明显有害于他人的行为，否则，不应该阻止他们的行为。对具有自治能力的个人的慎重判断进行批评，否认其具有基于慎重判断做出反应的自由是对具有自治能力的个人的明显不尊重。

但是，并不是所有人都具有自治能力。人的自治能力是在其一生中逐渐发展成熟的。另外，一些人由于疾病、精神残疾，或者严重限制自由的环境完全或者部分丧失了自治能力。对于这些尚未成熟以及丧失劳动能力的人的尊重则要求在其成熟之前，或者在恢复劳动能力之前对其提供保护。

对于一些人，既使他们已经被排除在可能受到伤害的行为之外，他们也还是需要受到特殊保护。而对于另一些人，只要保证他们能够自由地产生行为，并且他们也能够意识到可能的不利结果，就不再需要对他们提供保护。提供保护的程度有赖于受到伤害的危险程度，以及得到利益的可能性。应该经常对个人自治能力所受到的限制进行评估，因为评估结果在不同情况下也会有所不同。

13.4 良好的科学实践

遵守良好的科学实践在所有寻求扩展知识，以及赢得公众尊重的研究工作中都是必须的。良好科学实践的原则可能会以多种方式遭到破坏，比如：从缺少对应用科学方法或者记录数据的关心，到通过深思熟虑的弄虚作假或者严重的欺骗，科学上的明知故犯。所有上述对良好科学实践的违背都与作为以获取基于可验证结果的知识的系统研究过程的科学本质相违背，并且，这些做法不仅破坏了公众对研究结果可靠性的信任，而且也破坏了研究人员之间的相互信任，而研究人员之间的相互信任已经成为今天研究合作与分工条件下研究工作的基本要求。

尽管通过制定各种规章制度并不能够完全排除研究上的不诚实，但是，合适的预防措施无论如何还是能够保证所有参与研究活动的学生能够经常地了解良好科学实践的标准。这对于限制科学不正当行为绝对是一个非常重要的贡献。科学研究中应该遵守的七条基本原则分别是："遵守专业标准"、"记录研究结果"、"接受质疑"、"承认他人的贡献"、"团队领导与协作"、"满足新学生的需要"，以及"保密和存储第一手数据"。

13.4.1 遵守专业标准

尽管在解决特殊研究问题时学生可以采用各自不同的方法，但是，他们都应该遵守诚实以及公开的基本专业标准。

无论所从事的研究领域还是所在的大学和学院，学生从事科学研究的行为，以及他们对其他研究人员行为的反应都应该做到诚实是科学研究的核心。它适用于包括研究设计、归纳和分析数据、出版结果，以及承认同事、合作者以及他人直接和间接贡献的所有研究工作。所有遵守诚实标准的学生都不应该做出包括盗版、剽窃，以及欺诈等在内的各种不正当行为。

尽管认识到在制定研究计划以及获取研究结果的过程中学生有保护其研究兴趣的需要，但是，大学和学院还是应该鼓励学生在与其他研究人员以及公众讨论其研究工作时能够尽可能地保持开放。一旦研究结果在合适的地点被出版，大学和学院也希望学生能够在被要求的情况下将相关的数据向他人开放。

13.4.2 记录研究结果

在整个研究过程中，学生都应该对所遵循的研究过程以及所获得的研究结果，包括中间结果进行清楚和准确的记录。这不仅作为一种展示良好科学实践的方式非常必要，而且在以后有关研究的执行，或者研究结果的获取时也非常有用。

13.4.3 接受质疑

学生应该总是能够为研究结果受到质疑而做好准备。尽管学生不得不经常在时间和资源都很有限的情况下开展研究工作，但是，大学和学院还是希望对研究结果负责的学生以及项目主持人能够在公开研究结果之前对其精确性以及一致性进行检查。在检查的过程中，学生以及相关研究团队的成员必须能够对其得到研究结果的方式进行解释和论证。

13.4.4 承认他人的贡献

在研究的所有方面，合作者以及所有其他直接帮助或者间接支持研究的人的贡献都必须得到适当的承认。这适用于包括提供有关研究本质和过程的信息，以及出版研究结果的各种情况。不能正确地承认他人的贡献将被认为是一种不专业的研究。同样地，合作者以及其他贡献者也需要对研究及其结果负责。

13.4.5　团队领导与协作

任何组织的文化和氛围都是由掌握权力的个人设定和形成的。在科学研究中，大学和学院的领导（比如，校长、院领导、主任）承担着提供研究按照良好科学实践开展所需要的氛围的责任。他们有义务创造一种相互协作的研究氛围。在这种氛围下，所有的研究项目成员都被鼓励发展各自的技能，公开交换各自的科学思想。大学和学院的领导还必须提供合适的研究方向，为学生提供合适的指导。另外，他们还需要让在其指导下的所有学生都了解相关的法律和规章制度。只有这样，学生才能够按照相关的法律和规章制度开展工作，从而在一种合作的氛围内为研究做出贡献。

13.4.6　满足新学生的需要

对于刚刚开始从事研究的学生，他们可能会面临特殊困难。这时，保证新来的学生能够理解良好科学实践的责任就落在了所有研究小组成员，特别是高级成员，以及研究训练导师的肩上。大学和学院应该拥有适当的系统用以帮助新学生尽快适应良好的科学实践，比如：正式的训练或者指定导师对其进行指导。

13.4.7　保密和存储第一手数据

作为出版的基础，第一手数据必须尽最大可能地被保存在其产生的大学和学院的持久和保密的存储介质中至少十年，而对这些数据的访问也只能被授予那些被证明是直接利益相关的人。

由于科学的检验、实验，以及数字计算只能在所有重要步骤都是可以理解的情况下才能够得到复制和重建，因此，全部和足够的相关记录是必需的，并且，这些记录也必须被保存至少十年。它们不仅应该被看做是一种参考资料来源，同时，还应该能够接受他人的质疑。

大学和学院的管理人员有义务管理并记录所有进一步的细节和责任，特别是详细说明正确记录的规范以及使用数据的访问规则。

13.5　出版许可

无论是学位论文的私下交流，还是希望将其出版，只要涉及出版学位论文的许可，就存在以下需要认真考虑的重要问题：

（1）遵守与研究对象在其提供数据时达成的协议。如果曾经向研究对象承诺将以学位论文的方式公开数据，那么，就应该遵守这个承诺。

（2）研究对象应该已经被告知出版学位论文的所有目的。

（3）如果数据是从特定组织收集的，是否存在有关出版学位论文的协议？即使认为识别特定组织的身份是不可能的，但是，最好还是有这样的一份协议，因为完全的匿名是很难做到的。

（4）在涉及特定组织时，仍然存在不小心泄露商业敏感数据的危险。即使特定组织的准确身份没有被暴露，但是，仍然可能存在竞争组织从学位论文中收集信息的可能。因此，在与特定组织有关的数据即将被出版之前，特定组织通常会变得更加敏感。所以，无论是从学生、大学和学院，还是特定组织的角度考虑，就出版学位论文的相关事宜签订清楚的协议通常是更好的选择。

13.6 保密问题

在撰写学位论文时，通常都希望确保学位论文中所提及的个人和组织的匿名，这样才能够确保学生以及研究对象的内心平静。

但是，无论是个人还是组织，研究对象有时可能会说，他们对于在学位论文中使用他们的名字并不介意。这很可能是因为，在他们如此说的时候，他们还没有看过学位论文，也还没有认真考虑过可能会出现的问题。之后，他们又对曾经做出的承诺感到后悔，并争辩说：他们对学位论文的内容一无所知。如果之前知道了学位论文的内容，他们就绝不会做出这样的承诺。

在有些国家，人们可能会对上述的保密问题比较敏感，甚至有对学位论文内容不满的人还会考虑诉诸法律。他们这样做通常都会使学生陷入困境，并且使学生感到：将学位论文送交学位论文中所有出现过姓名的人审阅，并征得他们的同意是非常必要的。由于征得所有人的同意通常是不可能的，因此，对学生来说，这样做确实非常困难，并且这样做无论如何都会损害最终在学位论文上署名的学生的学术独立。但是，如果没有征得同意，学生就必须为学位论文中的内容承担负责。

如果已经征得了个人和组织的同意，在学位论文中提及他们的姓名自然就会变得相对简单，但是，这样做的后果也可能会变得非常复杂。出于这个原因，使用一些策略来掩饰研究对象的身份可能是更好的办法。但是，由于学位论文的读者不了解学位论文的适用对象，应用上述策略可能会在一定程度上损害研究的价值。这个观点是有一定道理的，因此，通过提供给出数据的个人或者组织的详细信息可以克服遇到的所有内在困难。另外，提供所有的相关背景信息，学位论文的读者还可以更好地理解研究与其他研究之间的关系。对于个人提供数据的情况，一些有关个人的相关背景信息可能包括：

（1）年龄；

（2）性别；

（3）种族；

（4）职业；

（5）居住类型及通信地址。

一些有关组织的相关背景信息可能包括：

（1）办公地点的物理描述；

（2）通信地址；

（3）交通路线；

（4）产品；

（5）雇员数量；

（6）管理结构。

在描述如通信地址这样的信息时，不使用省、市/县，或者街道名称这样的真实通信地址是非常重要的。因为将它与其他细节信息一起使用，很容易使组织被识别出来。使用如“英格兰南部的一个乡村地区”，或者“美国东部的一个大型工业城市”这样的描述就足够了。另外，上述背景信息也足以使学位论文的读者能够将数据推广应用到其他具有相似背景的情况中。

如果已经决定保守机密并且匿名，那么，学生在学位论文中就可以使用如下的策略和手段：

（1）如果研究涉及任何类型的案例，那么，可以使用大写字母“R”代表研究对象中的个人，使用大写字母“O”代表研究对象中的组织。

（2）研究对象 A 和研究对象 B，或者组织 1 和组织 2。虽然它们都是中性名词，但是却缺乏真实感，可能使学位论文看起来过于官方化或者正式。

（3）在很多情况下，最好是使用化名。它的最大优点是可以使学位论文看起来更有真实感。读者可以与化名建立联系，这样就可以使研究对象生活在读者的心中。但是，这样做也会有潜在的缺点。一是化名的现实性非常重要，但是，又不应该与任何价值有联系，比如：在为一家生产粗斜纹棉布衣服的公司起名字时，除非公司的真实名字暗示了接近市场营销和销售的预期，否则，应该避免使用“减价牛仔”这样的化名。二是个人的化名也应该尽可能地根据性别暗示、种族暗示，以及姓名的使用频率来反映真实姓名的特征。总之，任何使用的化名都应该尽可能精确地反映研究对象。

13.7　小结

伦理是处理人类行为及品格的哲学分支，也被称为道德哲学。或者简单地讲，伦理就是了解正确或者错误的标准，然后做出正确的选择。伦理始终与行为规范、道德标准，以及行为指南紧密相连。

任何研究都需要考虑伦理问题。第二次世界大战前，研究独立于伦理问题，研究人员主要关心推动知识向前发展，而不关心结果的代价。第二次世界大战后，研究人员意识到：研究不应该对人类做出任何身体或者心理上的伤害，必须取得研究对象的完全同意。符合伦理地进行研究，是来自社会的要求（公众普遍尊重研究人员），来自资助者的要求（资助者在伦理方面提出要求，研究人员有责任向资助者提供考虑了伦理问题的证明），以及来自大学的要求（学生必须考虑所在大学有关伦理问题的声明，在研究计划中最好包括考虑伦理问题的说明）。

由于研究对象将在感知的研究价值与对个人影响间做出权衡，因此，学生需要站在研究对象的角度考虑问题。在进行研究前应首先征得研究对象的同意，被调查者有权退出调查或者拒绝回答问题。有权退出是研究对象的一项重要权利，学生应尽量不使研究对象感到压力或者不安，让研究对象感到可以随时说出自己的想法。学生有义务通过简要提纲或者课程向研究对象提供以下研究信息：研究是如何被启动的；参与研究的学生的名字；学生的雇主；研究的资金资助者；支持研究的个人或者组织；研究的目的；所收集数据的性质；发布结果的安排；结果是否将被用于政策制定。研究对象有隐私权。为了确保数据中没有特定研究对象的名字，也没有能够被轻易发现信息来源的线索，学生可以编造名字或者不留名字，在指人时使用 X 小姐或者 Y 先生，在指组织的时候使用 Z 组织；在学位论文引言部分声明已经尽了最大努力隐藏研究对象的身份。任何人都不应该在不考虑他人利益的情况下伤害对方。了解伤害和利益都可能暴露在受伤害的危险中。学生及其所在大学有责任预见最大化的利益，以及可能的风险。在以人为研究对象的研究领域，避免伤害通常扮演着明确而公正的角色。在避免伤害的作用并不清晰时，可能使具有巨大利益的研究被排除在外。另外，这样的研究也是不被认可的。欺骗是指为了开展研究使用伪装和掩饰等手段。在获取的知识利益超过伤害的前提下，或许可以接受使用欺骗。尽管没必要总是保持诚实、直接和清晰，但是也不应该经常使用欺骗。在权衡公开和欺骗时，应充分考虑研究对于研究对象，而不仅仅是自己带来的后果。具有自治能力的个人是指具有能力考虑个人目标，并产生行为的个人。尊重个人的自治能力是指尊重具有自治能力的个人的慎重选择。除非做出明显有害于他人的行为，否则，不应该阻止。并不是所有人都具有自治能力，自治能力是逐渐发展成熟的。另外，疾病、精神残疾，或者严重限制自由的环境也会影响自治能力。尊重自治能力体现在为不具备自治能力的个人提供保护，提供保护的程度依赖于对伤害和利益的权衡。

科学研究中应该遵守的七条基本原则是："遵守专业标准"、"记录研究结果"、"接受质疑"、"承认他人的贡献"、"团队领导与协作"、"满足新学生的需要"，以及"保密和存储第一手数据"。"遵守专业标准"就是要做到"诚实"和"公开"。"诚实"适用于研究设计、归纳和分析数据、出版结果，以及承认他人的贡献。所有遵守"诚实"标准的学生都不应该做出包括盗版、剽窃，以及欺诈等在内的不正当行为。"公开"是指开放地讨论研究工作，并将相关的数据向他人开放。在整个研究过程中，学生都应该对所遵循的研究过程以及所获得的研究结果，包括中间结果进行清楚和准确的记录。学生应该在公开研究结果前检查其精确性和一致性，并对得到研究结果的方式进行解释和论证。不能正确承认他人的贡献将被认为是不专业的研究。大学和学院的领导有责任提供相互协作的研究氛围；提供研究方向，并指导学生；使学生了解相关的法律和规章制度。大学和学院应该拥有适当的系统帮助新学生尽快适应良好的科学实践，包括：提供正式的训练或者指定导师的指导。第一手数据必须保存在持久和保密的存储介质中，并授权直接利益相关人访问。这些数据不仅是参考资料的来源，而且还应该能够接受质疑。管理人员有义务详细说明数据的记录规范和访问规则。

在涉及出版许可时，学生需要遵守与研究对象在提供数据时达成的协议；研究对象应该已被告知出版学位论文的所有目的；学生、大学和学院，以及特定组织间应就出版学位论文的相关事宜签订了清楚的协议。

学生通常都希望确保学位论文中所提及的个人和组织的匿名。但是，在有些国家，如果不能做到匿名，人们甚至会考虑诉诸法律。由于掩饰研究对象身份会损害研究的价值，因此，提供相关背景信息，读者就可以更好地理解研究与其他研究之间的关系。可以提供的个人相关背景信息包括：年龄、性别、种族、职业、居住类型及通信地址。可以提供的组织相关背景信息包括：办公地点的物理描述、通信地址、交通路线、产品、雇员数量、管理结构。如果已经决定保守机密并且匿名，那么，学生在学位论文中就可以使用如下的策略和手段：案例中使用“R”代表个人，使用“O”代表组织；研究对象 A 和研究对象 B，或者组织 1 和组织 2；使用化名，并使其精确地反映研究对象。

13.8　习题

（1）什么是伦理？

（2）为什么需要符合伦理地进行研究？

（3）学生如何做到尊重研究对象？

（4）简述科学研究中应该遵守的基本原则。

（5）简述涉及出版学位论文的许可需要考虑的问题。

（6）简述学生在处理保密和匿名时可以采用的策略和手段。

（7）根据本章叙述，考虑如何处理自己研究中可能遇到的伦理问题。

第 14 章　管理和执行

内容提要

本章首先介绍了了解不同学习风格的重要性以及四种主要的学习风格。然后，阐述了管理导师所涉及的三方面问题：建立并维护与导师的良好关系；定期见面并预先准备；短期计划。之后，概述了学生需要平衡的内容，以及非全日制学生如何在工作以及家庭和社会中管理平衡行为，如何做到平衡而不是压力下的崩溃。最后，说明了涉及管理时间和任务的两方面内容，即：良好的计划和研究的典型阶段。

本章重点

- 了解学习风格
- 管理导师
- 管理平衡行为
- 管理时间和任务

14.1　了解学习风格

有理论指出：学习存在不同风格。通过对学习风格的了解和掌握，学生可以理解：为什么在一些环境下，他们学习起来很困难，而在另一些环境下，他们学习起来却很容易。如果学生了解了自己的学习风格，他们就可以根据自身优势制定学习计划，或者有意识地不断克服自身缺点，发展能够帮助自己取得成功的学习风格。

每种学习风格都存在优缺点，不存在绝对“好的”或者“坏的”学习风格。学习风格可以告诉学生：作为学习者，其优点在哪里，哪些内容学习起来会比较容易，哪些内容学习起来会比较困难，比如，学习汽车机械学的学生更可能是“实用主义者”，而学习英国文学的学生则更可能是“反思者”。

一定程度上，学习机会总会更多地提供给能够运用所有学习风格的学生。但是，对于这些学生来说，在遇到问题时，他们如何能够清楚地知道应该使用哪一种学习风格？为了回答这个问题，有必要首先对四种主要的学习风格进行简单地介绍。

14.1.1　行动主义者

行动主义者（Activists）通常都是从其不断经历的实践中获得最好的学习。他们喜欢参与直接体验，并且，对于任何新鲜事物都会很感兴趣。他们倾向于先行动，再考虑结果。他们喜欢挑战，但是，很快就会对现实感到厌烦。在被要求充当被动角色的活动中，他们的学习效果最差。

14.1.2　反思者

反思者（Reflectors）通常都是从对经验的认真思考，以及重要决策前取得新信息的活动中获得最好的学习。他们倾向于小心谨慎和深思熟虑。在做出决策前，他们都希望可以考虑所有的可能角度和方面。他们经常在倾听和观察上花费大量时间。在被要求很短时间内做出快速行动的活动中，他们的学习效果最差。

14.1.3　理论家

理论家（Theorists）通常都是从把观察综合成为符合逻辑的理论的活动中获得最好的学习。他们采用非常严谨的方式思考问题，根据获取的新信息和经验形成精炼合理的模式。他们擅长分析，并且喜欢使用理论和模型解释问题。他们不喜欢主观臆断。在无法进行深入研究的活动中，他们的学习效果最差。

14.1.4　实用主义者

实用主义者（Pragmatists）通常都是从具有明显实际价值，并且能够在现实条件下对思想和方法进行检验的活动中获得最好的学习。他们倾向于成为不断做事的实际工作者，会对开放式的讨论感到厌烦。在学习与直接目的无关的活动中，他们的学习效果最差。

14.2　管理导师

导师将在学生研究的整个过程中为学生提供指导。因此，学生研究的成败与导师有着极其密切的关系。这就要求学生应该在研究的整个过程中建立并维持与导师的良好关系，定期与导师见面并预先准备，同时制定短期计划。

14.2.1　建立并维持与导师的良好关系

一方面，学生有权获得来自导师的足够且高质量的指导。另一方面，与导师保持良好的关系，不但可以使学生能够与导师交换思想，寻求并得到来自导师的建议，而且还能够避免与导师发生个性冲突。

在第一次与导师见面之前，学生应该预想见面后的议程，初步设定自己的长期及短期目标，以及期望与导师建立的指导关系。在第一次见面时就确定基调，并且建立与导师间共同工作的正式或者非正式的协议非常重要。

通常，学生所承担的研究是具有多阶段的长期工作。在工作的任何阶段都可能需要来自导师的指导和帮助。有时，学生可以与导师一起工作，或者可以经常与导师见面。但有时，导师和学生却很少能够见面，双方都不确定多长时间后能够再见一次。因此，出于清楚和平等的目的，双方有必要签署一份能够清楚说明导师可以提供的指导时间和类型，以及双方能够预期的行为的研究协议。在这份研究协议中，应该清楚说明双方对于未来的预期，比如：指导的频率以及阶段工作成果。研究协议不但可以帮助双方平等地管理各自的工作，而且还有助于双方能够客观地发现指导过程中存在的问题。上述研究协议类似法律协议，它规定了协议双方的责任和权利。然而，另一种研究协议却很少涉及双方在指导过程中充当的角色和预期行为，而是更多地涉及研究的目标，以及取得目标的途径。学生需要决定使用的协议类型，并决定是让协议仅适用于自己，还是可以在非正式场合向导师提及所签订的协议。以下提供的是上述第一种协议的例子：

学生：

导师：

研究主题：

注册日期：

研究完成日期：

指导频率：

作为学生，我同意：

（1）在预定的时间与导师见面，并在见面前做好充分的准备；

（2）在见面的两周前向导师提交需要被审阅的章节初稿；

（3）提出研究过程中遇到的，或者章节初稿中仍然存在的问题，以便于有针对性地指导；

（4）寻求、考虑和接受导师在概念、阅读、方法、进度、写作、出版，以及表述等方面的适当指导；

（5）在遇到影响研究的任何严重问题，工作量的较大变化，以及个人问题（比如：搬家或者工作变动）时，要及时向导师汇报。

（6）每六个月向导师提供一份研究进展报告以帮助导师对研究进行监控并重新制定计划。

作为导师，我同意：

（1）在预定的时间与学生见面，并预先考虑可能遇到的主要问题、整体工作，以及研究的未来发展；

（2）在每次见面前审阅学生提交的章节初稿；

（3）提出研究过程中遇到的，或者章节初稿中仍然存在的问题，以便于有针对性地指导；

（4）在概念、阅读、方法、进度、写作、出版，以及表述等方面为学生提供适当的指导；

（5）在遇到影响研究的任何严重问题、工作量的较大变化，以及个人问题（比如：公休假或者工作变动）时，及时告知学生；

（6）要求学生每六个月提交一份研究进展报告以帮助其监控并重新制定研究计划。

学生签名：

导师签名：

签订日期：

通常，导师仅应该在帮助学生形成整体研究框架方面提供支持、信息和指导，而不应该实质性地从事学生的研究工作，比如，在学位论文初稿完成后，导师只应该提出进一步地编辑建议，而不应该具体地对学位论文初稿进行编辑；对基本理论及所发现新知识含义的探讨是必要的，但是，对它们的最终表达涉及过多则完全没有必要。这样做，实际上是在剥夺学生对于学位论文的所有权。

学生在处理与导师间关系时经常遇到的另外一个问题是与导师的私人事务冲突。在这种情况下，保持稳定的工作节奏就会变得比较困难。因此，学生需要确保与导师拥有清晰的工作关系，切忌闯入导师的私人生活。同时，应该努力与导师在友谊和工作关系之间保持平衡。只有这样，学生才既不会过于放松，也不会忘记时刻关注研究的进度和对研究的管理。如果学生不能与导师融洽相处，那么，所产生的僵局势必对学生的工作造成诸多不利影响，因此，学生至少应该保持诚恳的态度，应该理智地处理与导师的关系。学生还需要确保：忙于预定工作的导师仍然在关注着自己的工作。虽然导师经常往返于会议或者出差，但是，他们还是能够留出预先与学生约好的时间。对于那些工作环境发生变化的导师，比如，休假、退休，以及被赋予了新的工作责任等，学生应该重新与其商定研究协议，以确保能够继续得到他们的足够指导。如果导师由于退休或者离开了现有工作岗位，不能再继续指导学生，那么，导师有责任寻找另一位能够承担同样指导责任的导师来承担对学生的继续指导工作。

14.2.2 定期见面并预先准备

学生与导师间的经常联系非常重要。应当承认：有一小部分能力强的学生即便是在没有导师指导的情况下也能够完成博士学位论文。但是，绝大多数学生都必须依靠专家的指导，特别是导师的指导。因此，针对后一种情况，导师随时监控学生的研究进度至关重要。学生和导师应在定期见面方面达成共识。在一定的研究阶段，甚至要求学生和导师间能够开展经常性的讨论。更理想的情况是：学生与导师定期见面的时间间隔不超过两个星期。在这种情况下，导师有责任召集定期见面。但是，如果由于学生的原因影响了预定的见面，那么，学生就有责任主动重新安排被推迟的见面时间。

在每次定期见面之前，学生都应该写下并向导师提交一份研究过程中所遇到问题的列表。这份列表将发挥以下作用：提供见面时的基本议程；迫使学生准确说明仍然存在的模糊问题；防止将一系列小问题积累成一个无法克服的大问题；提供预先识别需要解决的问题的成功项目管理方式。当然，在很多类型的研究中，学生还需要在定期见面时提供诸如问卷调查表，或者实验报告等支持所提出问题的补充材料。

14.2.3 短期计划

根据在第 8 章“计划研究项目”中已经制定的长期计划（尽管一定会发生变化），学生还需要进一步制定以日为单位的短期计划，这种短期计划的内容包括：

（1）每日的主要研究任务，比如，处理调查问卷、继续文献检索、详细解释统计表，以及组织专题小组会议等；

（2）重要的，并且是正在进行中的周期性活动，比如，检查原始资料以及监测实验；

（3）小的、单调乏味的，但却可能阻碍工作进展的重要活动，比如，为打印机购买纸张，保持原始资料以及参考书目的卡片索引整洁并处于最新状态；

（4）较大任务中的较小部分。有时，在较小任务没有完成之前，不可能完成较大任务，比如，学习操作软件和回电话；

（5）处理已经被分解为可管理单元的问题；

（6）继续对难点问题进行思考，并与同事展开讨论。

在制定上述短期计划时，学生应当适时征求导师的意见和建议，将已经制定的短期计划作为自我控制的一种手段，并将计划的进展情况及时通报给导师。

14.3 管理平衡行为

在必须平衡各种任务和角色，特别是从事兼职研究时，“将工作赋予最繁忙的人”的谚语无疑是正确的。正像杂技演员平衡和旋转盘子一样，只有将每个盘子都快速地旋转起来才可能保证盘子不会跌落摔碎。

在同一时间能够管理不同的角色和任务是灵活性和多样性的体现。但是，学生在试图做如此多事情的同时，一定不能让其损害正常的生活和工作质量。平衡是根本，因此，需要考虑压力和时间管理，识别出平衡行为中的各种角色和需求。当家庭或者工作中太多的工作压在肩上以致严重影响研究的时候，学生还需要学会说“不”。类似地，有时，研究也不得不让位给家庭和工作，为了使家庭和工作造成的压力和失望最小，学生应该学会事先计划，确定兴趣与努力的确切冲突时间，以便可以协调和平衡活动。

如果想在研究完成之后成为某种类型的研究人员，或者继续从事研究，进行撰写和出版，学生会发现：在研究中培养的平衡不同角色和需求的技能在将来也是不可或缺的。

14.3.1 平衡的内容

绝大多数非全日制学生至少要比全日制学生多平衡两种角色，即：工作（全职或者兼职）

和家庭（父母，伴侣和朋友等），如图 14-1 所示。对于在国外从事研究的海外学生来说，他们还会存在想家的压力。由于上述压力和需要经常同时出现，因此，在一年中的特定时间里，学生通常会同时面临着多种压力。

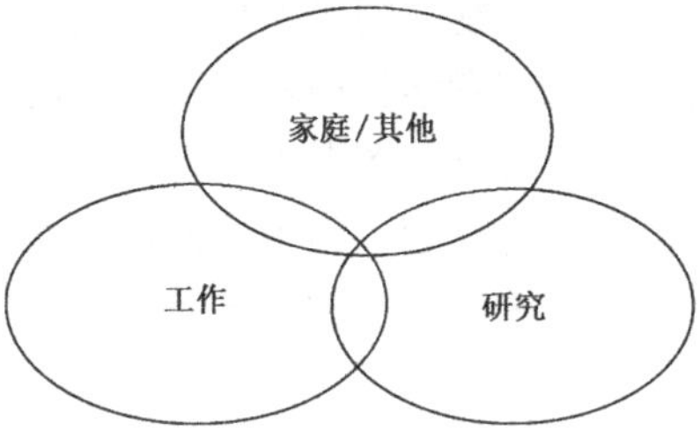

图14-1　平衡的内容

对于全日制学生来说，随着学习时间的增加，研究的压力也会相应增加，如果想进一步发展未来的职业，还必须承担更多的管理职责。其他需要平衡的行为还包括：满足导师，以及研究中紧密联系的人（包括其他管理和后勤人员等）的需要。

对于非全日制学生来说，由于周围的人对其所从事研究的各种需要和压力（也包括快乐和幸福）知之甚少，因此，可能会因为学生发展了一种“异类”的生活方式而远离他们，也或者不能理解学生烦恼的原因。所有这些都将破坏学生对于研究价值的认知。为了避免以上情况的发生，在工作中，学生应该：

（1）在不会使一起工作的人感到厌烦，并且没有提出特权要求的情况下，与他们进行沟通，向其解释所从事的研究的必要性；

（2）如果研究与实际工作相关，为了获得同事的支持，花一些时间向同事表明：所从事的研究不仅是为了满足个人需要，同时也是为了满足公司和组织的需要。

在家庭和社会中，学生应该：

（1）通过解释和协商，尝试取得家庭成员和朋友对所从事研究的支持；

（2）努力避免让所从事的研究占用所有时间，否则，会失去朋友，疏远家庭，最终也会对自己感到厌烦。努力平衡快乐和需要，不搪塞所有的社交活动和家庭责任。

在从事研究的同时也能够脱离研究，参加社会活动，尽情地享受，交谈和放松，参加各种体育和休闲活动。由于以上活动使用的是大脑的不同部分，因此，可以缓解由于研究带来的紧张和压力，提供不同的动力和回报。

14.3.2　平衡而不是压力下的崩溃

学生拥有的平衡行为就像他们所拥有的人格一样也会有所不同。关键是让其意识到应该发展什么，以及应该避免什么。如果学生同时涉及多项不同活动，并且，其中的一些活动需要相同的技能或者兴趣，那么，学生就应该发展这样的一种平衡行为，它可以帮助学生使这些需要相同技能和兴趣的活动同时运转起来。然而，当所有活动交织在一起，并且都依赖于同一种技能和兴趣，产生同一种需要和责任时，一项活动的崩溃就势必会影响到所有的其他活动。

在从事研究时，学生有必要重新审视不同类型休闲活动在生活中所扮演的角色。由于并不是所有人都愿意听学生的最新发现或者学生归档索引卡片的方式，因此，学生可以发展一些与研究相关的休闲活动，比如：在大学的图书馆、咖啡厅，以及实验室交朋友。但是，这种做法对于朋友和家人来说却可能成为问题，因为他们担心学生会因此而从心理和感情上远离他们。因此，学生需要尽可能多地关心自己的朋友和家人，并考虑怎样很好地处理以上潜在问题。

14.4 管理时间和任务

尽管从事学位论文研究是一项非常费时的活动，但是，在从事这项活动时，学生还必须同时承担其他活动，比如，全职或者兼职的工作，家庭以及其他的社会责任等。因此，有效地利用时间，并且在研究过程中获得他人的支持就显得尤为重要。学生需要确保对研究进行了仔细计划，只有这样，诸如实验、订购材料、国内外出差，以及完美表达学位论文等长期活动才可能真正做到时间有效。并且，只要计划做得好，在等待材料和结果的同时就可以从事其他研究活动而不至于浪费时间。相反，如果计划做得不好，匆忙完成的学位论文就会缺少只有通过深入思考才能得出的概念基础、清晰的组织，以及合理的引用和表达。

14.4.1 良好的计划

对学生来说，合理地计划和管理时间非常重要。计划通常分为长期计划、中期计划，以及短期计划。一份长期计划通常覆盖未来的一年或几年，通过长期计划，学生可以初步确定研究项目的难点和较大的工作量所在。另外，还可以确定需要使用大量时间，以及会对研究产生较大影响的活动。一份中期计划通常覆盖未来的一个月（星期）或几个月（星期），涉及的主要活动包括：收集数据、进行实验，以及组织面谈等。一份短期计划通常仅覆盖未来的一天或几天，有关短期计划的内容已在之前介绍，这里就不再赘述。

14.4.2 研究的典型阶段

将研究看做是包括不同阶段，并且在前一阶段活动取得的经验可以被用于指导下一阶段活动的往复循环过程是有帮助的。这种做法是对之前在第 8 章制定的线性时间计划的补充，可以帮助学生更有效地计划时间，图 14-2 显示了这种研究循环。

通过上述研究循环将最终得到研究结论，之后，就可以开始撰写学位论文了。根据上述研究循环，一项研究可以被大致分为以下四个阶段。其中，阶段二和阶段三是对上述研究循环的具体说明。

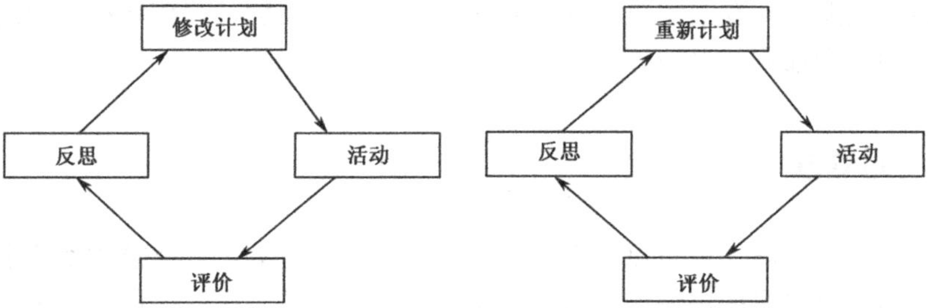

图14-2　研究循环

阶段一

（1）最初的想法和假设；

（2）研究的主题和问题；

（3）计划；

（4）执行诸如文献检索这样的基础活动。

阶段二

（1）修改计划；

（2）执行诸如阅读、面谈、起草和使用调查问卷，以及进行实验等活动；

（3）对活动的执行结果进行评价，考察其对整个研究的贡献；

（4）以草稿形式记录下任何研究发现；

（5）进行反思。

阶段三

（1）继续重新计划；

（2）执行又一轮的研究活动；

（3）再次的评价和反思；

（4）得到修正的思想、发现和观点；

（5）得到结论。

阶段四

（1）撰写学位论文；

（2）对学位论文进行最终的完善；

（3）提交学位论文；

（4）接受评阅并参加答辩。

导师以及研究小组的任何成员都可能以不同方式在上述研究阶段为学生提供帮助。有时，即便是与项目无关的同学也可能提供诸如联系人、研究方法和技术等方面的帮助。当然，朋友和亲属还能够提供不同于导师和同学所能够提供的支持和帮助。在不同研究阶段，学生需要预先考虑所需要的帮助，包括：方法的说明、数据的解释、新技术的学习、新概念的讨论、心理障碍的克服、问题的解决、发现之前没有想到的问题、找到解决问题的其他办法，以及提供排解烦恼和郁闷的办法等。

14.5 小结

了解了学习风格，学生就可以根据自身优势制定学习计划，并有意识地克服自身缺点。另外，学习机会总会更多地提供给能够运用所有学习风格的学生。存在着四种主要的学习风格，分别是："行动主义者"、"反思者"、"理论家"和"实用主义者"。其中，"行动主义者"从不断经历的实践中获得最好的学习。他们喜欢参与直接体验；对任何新鲜事物都很感兴趣；倾向于先行动，再考虑结果；喜欢挑战，很快就会对现实感到厌烦。他们在充当被动角色的活动中学习效果最差。"反思者"从对经验的认真思考，以及重要决策前取得新信息的活动中获得最好的学习。他们倾向于小心谨慎和深思熟虑；做出决策前希望考虑所有的可能角度和方面；经常在倾听和观察上花费大量时间；在被要求很短时间内做出快速行动的活动中学习效果最差。"理论家"从把观察综合成为符合逻辑的理论的活动中获得最好的学习。他们采用非常严谨的方式思考问题；根据获取的新信息和经验形成精炼合理的模式；擅长分析，喜欢使用理论和模型解释问题；不喜欢主观臆断，在无法进行深入研究的活动中学习效果最差。"实用主义者"从具有明显实际价值，并且能够在现实条件下对思想和方法进行检验的活动中获得最好的学习。他们倾向成为不断做事的实际工作者；对开放式讨论感到厌烦；在学习与直接目的无关的活动中学习效果最差。

学生有权获得导师足够且高质量的指导。通过建立并维持与导师的良好关系，学生可以与导师交换思想，寻求建议，避免个性冲突。学生在第一次与导师见面时应建立正式或者非正式协议，清楚说明双方对于未来的预期；帮助双方平等地管理各自的工作；有助于双方客观地发现指导过程中的问题。导师仅应在形成研究框架方面提供指导，而不应实质性地从事学生的研究工作。学生切忌闯入导师的私人生活，并应努力与导师在友谊和工作关系之间保持平衡。学生与导师的定期见面时间间隔不应超过两星期，并且，在见面之前，学生应提交问题列表，目的是：提供见面时的基本议程；迫使学生准确说明仍然存在的模糊问题；防止将一系列小问题积累成无法克服的大问题；提供预先识别问题的成功项目管理方式。学生还应制定以日为单位的短期计划，内容包括：每日的主要研究任务；正在进行中的重要周期性活动；小的、单调乏味的，但却可能阻碍工作进展的重要活动；较大任务中的较小部分，在较小任务没有完成之前，不可能完成较大任务；处理已经被分解为可管理单元的问题；继续对难点问题进行思考，并与同事展开讨论。

非全日制学生至少要比全日制学生多平衡两种角色。在工作中，非全日制学生应该在不使同事厌烦，并且没有提出特权要求的情况下向同事解释研究的必要性；向同事表明，所从事的研究不仅是为了满足个人需要，同时也是为了满足公司和组织的需要。在家庭和社会中，非全日制学生应该通过解释和协商取得家庭成员和朋友的支持；努力避免让所从事的研究占用所有时间，包括：不搪塞所有的社交活动和家庭责任；缓解研究带来的紧张和压力。为了做到平衡而不是压力下的崩溃，应使需要相同技能和兴趣的活动同时运转起来；避免一项活动的崩溃影响所有其他活动；发展与研究相关的休闲活动。

对学生来说，合理地计划和管理时间非常重要。计划通常分为长期计划、中期计划，以及短期计划。长期计划通常覆盖未来的一年或几年，初步确定了研究项目的难点和较大的工作量所在，同时确定了需要大量时间及对研究产生较大影响的活动。中期计划通常覆盖未来的一个或几个月（星期），主要活动包括：收集数据、进行实验，以及组织面谈等。将研究看做是包括不同阶段，并且在前一阶段活动取得的经验可以被用于指导下一阶段活动的往复循环过程是有帮助的。

一项研究可以被大致分为以下四个阶段。阶段一中的活动包括：最初的想法和假设；研究的主题和问题；计划；执行诸如文献检索这样的基础活动。阶段二中的活动包括：修改计划；执行诸如阅读、面谈、起草和使用调查问卷，以及实验等活动；对活动的执行结果进行评价；以草稿形式记录任何发现；进行反思。阶段三中的活动包括：继续重新计划；执行又一轮研究活动；再次的评价和反思；得到修正的思想、发现和观点；得到结论。阶段四中的活动包括：撰写学位论文；对学位论文进行最终完善；提交学位论文；接受评阅并参加答辩。

14.6　习题

（1）为什么需要了解学习风格？
（2）简述行动主义者的学习风格。
（3）简述反思者的学习风格。
（4）简述理论家的学习风格。
（5）简述实用主义者的学习风格。
（6）如何建立并维持与导师的良好关系？
（7）如何与导师定期见面并预先准备？
（8）简述短期计划的主要内容。
（9）非全日制学生应该如何在工作以及家庭和社会中管理平衡行为？
（10）如何做到平衡而不是压力下的崩溃？
（11）简述长期计划和中期计划。
（12）简述研究的典型阶段。
（13）根据本章叙述，考虑如何很好地管理和执行自己的研究。

第 15 章　研究完成之后

内容提要

在提交了学位论文，并最终通过口头答辩之后，学生还应该对已经完成的研究进行反思，进一步考虑研究的意义、普适性、可靠性、有效性、局限性、如何能够做得更好以及未来研究的主题。另外，绝大多数学生都会产生如下的想法：兴高采烈；重新回归正常生活；做所有被推迟的事。最后，学生还应该考虑必须做的其他事情，包括：在期刊上发表文章；参加会议；计划下一步活动。本章分别对以上内容进行了概要叙述。

本章重点

- 研究反思
- 研究后的生活
- 必须做的其他事情

15.1　研究反思

在提交了学位论文，并最终通过口头答辩之后，学生还应该对已经完成的研究进行反思，进一步考虑研究的意义、普适性、可靠性、有效性、局限性、如何能够做得更好以及未来研究的主题。

15.1.1　研究的意义

从统计学角度讲，研究的意义是指偶然发现研究结果的可能性和重要性。如果通过研究发现：研究结果确实与现实相一致，那么，更一般地说，研究的意义指的就是研究在理论和实践两个方面都具有一定的分量和重要性。

15.1.2　研究的普适性

研究的普适性是决定研究质量的一个重要方面。通过研究，学生可能发现了有趣的结果，但是，其他人怎样才能将这一有趣结果与他们正在从事的研究或者所做的工作联系起来呢？为了做到这一点，学生必须确保其他人能够了解他的模型和发现，并且可以复制他的研究，或者将模型和发现应用在他们的研究当中，包括：建立在模型和发现基础之上，对模型和发现进行扩展，以及对模型和发现进行概括总结等。

15.1.3　研究的可靠性

研究的可靠性与执行研究的过程相关。如果执行相同研究过程的另外一个学生很可能复制最初的研究结果，尽管两次的研究结果并不完全相同，但是，仍然可以认为研究是可靠的。

15.1.4　研究的有效性

研究的有效性是决定研究方法适合研究问题和研究结果的关键。如果学生使用的研究方法适合所研究的问题，那么，取得的研究结果就很可能是有效的。相反，如果学生使用了完全不适合的研究方法，那么，取得的研究结果就很可能是无效的，比如：使用仅包括回答是“是”和“否”的问题的问卷来决定人类感情反应的复杂性和变化模式的研究就是无效的。

15.1.5　研究的局限性

由于时间、能力，以及资源等各种主客观条件的限制，学生的研究结果通常只会适用于一些特殊情况，即：学生的研究结果总会存在不足之处，这是不可避免的。但是，如果学生能够在研究结束之前，对其研究结果的不足之处保持清醒的认识，并能够客观地指出它们，不仅能够体现其对于研究的科学态度，而且还会对后续学生的研究提供有益帮助。

15.1.6　做得更好

指出当前研究局限性的一个主要目的就是为了能够在今后的研究中解决现有研究中存在的问题。换句话说，也就是为了能够更好地解决现有问题，为未来或者下一步的研究提供明确的方向，方便后续学生有更加充分的时间，做得更好。

15.1.7　未来研究的主题

当把研究看做过程而不是产品时，很明显，它是永无止境的。学生永远也不可能到达没有值得更多研究和调查的境地。研究和系统调查成了一种生活方式，而不是工作的一部分。

如果学生想得到关于其所热爱的这个世界的最准确、最真实的理解的话，那么，他们就必须服从研究的道路，并且，永远也不能停止探寻解释和理解其周围环境的最好方式的脚步。这意味着：新的研究主题在等待着他们。

15.2　研究后的生活

一旦顺利提交了学位论文并且通过了口头答辩，绝大多数学生都会产生如下的想法：

（1）兴高采烈，这是人生中的一个重要里程碑。

（2）重新回归正常生活，与家人和朋友在一起。

（3）做所有被推迟的事。

15.2.1 兴高采烈

为了获得学位，学生已经在从事研究和撰写学位论文方面花费了大量时间，是时候停下来休息一下了。但是，对于有些人来说，他们永远都不会停下来，放弃、移交或者结束研究。正像 19 世纪英国小说家 Eliot 笔下 Middlemarch 中的主人公 Casaubon 一样，他们认为：除了研究根本就不存在生活。他们从来就没有想过研究终有结束的一天，并且也从来没有停止过研究。但是，对于学生来讲，他们已经完成了预定的目标，首先应该庆祝一下。然后，给自己放个假，否则，他们就会显得异常疲倦、无精打采。

15.2.2 重新回归正常生活

由于在研究上花费了大量时间，学生经常会听到来自家人和朋友的抱怨，甚至自己也会认为：自己就像一台机器不停运转，将所有的时间和精力都集中在了研究上，不但疏远了家人和朋友，而且自己也没有时间享受生活。

在研究完成后，学生应该在放松的同时抽出更多时间顾及家人和朋友。这时，他们会认为：生活原来是如此的美好，很高兴重新回归了正常的生活。

15.2.3 做所有被推迟的事

事实上，处在研究中的学生也很清楚：除了研究，他们还有很多事情需要处理。但是，研究就像压在他们身上的一副重担，让他们没有时间和精力去做其他的事情。因此，除了放弃，学生别无选择。但是，现在情况不同了，一旦研究结束，学生就能够开始做所有那些曾经被推迟的事，比如，去海滩享受阳光，去超市购物。可以说，学生现在可以做任何过去曾经想做的事，让梦想成为现实。

15.3 必须做的其他事情

在完成学位论文，获得学位，离开大学时，学生可能会将学位论文放入柜子，感谢导师，并永远不再想起学位论文。但是，这样做不对。

学生应该想到：除了评阅人，学位论文中所描述的研究工作还应该有更多读者。至少，学位论文应该被保存在大学和学院的图书馆里以便后来的学生能够参考。优秀的学位论文不但是思想和信息的仓库，而且也符合大学和学院的撰写要求和风格，为未来研究进行参考做好了准备。另外，为了确认或者调整研究的目的和目标，很多学生也希望能够在研究的早期阶段借鉴之前的研究。同样地，数据提供者，或者为学生提供过数据访问方便的人，作为研究的参与者，也希望能够看到学位论文。

15.3.1 在期刊上发表文章

除了上述需要，还存在更具挑战性的可能，即：撰写文章在期刊上发表。

至少在英国，要求大学和学院保持良好出版形象的压力越来越大。大学和学院发表的期刊文章数量不但受到监视，而且还会被直接输入到经费申请程序中。因此，学生通常都被鼓励单独或者与导师合作发表期刊文章。在导师确实为学位论文研究提供了巨大帮助的情况下，学生邀请导师作为合作者共同发表期刊文章是很正常的。

不要低估将学位论文转换为发表在顶级期刊上的文章的困难。在这一转换过程中，学生首先需要解决的就是时间和动力问题。刚刚完成学位论文的学生已经筋疲力尽，并且，他们将几乎肯定地更加关注研究的未来发展，而不是重新包装或者继续以前的工作。这就导致了第二个问题，即：了解期刊接受文章的最低标准。解决上述问题的可能方法是：在研究开始时就考虑发表期刊文章的可能性，并将其作为研究的一个主要目标。对于立志从事学术研究的学生，上述方法特别合适。

在准备期刊文章时，了解期刊编辑对于文章的质量要求，以及文章的发表过程非常重要。由于出版学术期刊的目的是为了传播新见解、新观点，或者新发现，因此，期刊编辑都试图避免出版非原创性的、纯描述性的，或者其他人不太感兴趣的文章。然而，在学位论文中包含上述材料却是合理的。另外，期刊论文应该一针见血，并且，其中所提出的观点也应该是读者非常感兴趣的。这表明：选择发表文章的期刊同样非常重要。将一篇解释性的案例研究文章投稿给以发表定量研究著称的期刊是毫无意义的。最后，了解期刊的声望排名也很重要。一些期刊在特定领域被认为是顶级期刊，这同时也意味着：该期刊编辑选择文章的标准要比其他期刊高，选择在这样的期刊上发表文章将会面临更大的挑战和竞争。

在为文章选定合适的期刊后，学生还应该特别关注投稿时所使用的文章格式。绝大多数期刊都会提供“投稿指南”信息，在投稿之前，对这样的信息进行仔细研究绝对是值得的。因为它提供了诸如需要几份投稿，分别投稿给谁，以及所要求的摘要长度和所期望的参考文献格式等的详细说明。

所有期刊文章通常都要经过评审过程。换句话说，它们都将被送到特定领域公认的权威手里接受评审。评审通常采用双重盲评方式，即：学生不知道评阅人的姓名，评阅人也不知道学生的名字。对于每篇投稿文章，期刊编辑通常至少都会选择两名评阅人。评阅人被问及的主要问题是：“期刊应该发表这篇文章吗？”。评阅人的回答可能是直接的“不应该”或者“应该”。但是，经常也会出现这样的情况，即：评阅人也不能给出明确的回答。他们给出的评阅意见可能是：“文章很有趣，研究也很有意义，但是……”。其中，“……”代表评阅人对文章的原创性、研究基础、使用的方法和技术，以及结构和写作风格等方面的评价。通常，评阅人给出的评语都不会超过一页。

如果文章没有被直接拒绝，它会连同评阅人意见和修改建议返回学生，并安排出版。通常，从投稿到返回，学生至少需要等待两个月，甚至可能是六个月的时间。一篇被要求重写或者修改的文章将再次进入上述循环，同样也需要一定的时间，而在这段时间里，学生的热情可能已经消退。简单查看一下许多期刊文章的时间脚注就可以对上述令人沮丧的事实进行证实。

15.3.2 参加会议

由于在期刊上发表文章需要等待较长时间，因此，为了使文章尽早与读者见面，可以考虑诸如学术会议这样的文章发表途径。通常，学术领域存在着很多会议，范围从特定专业的到最一般的，几乎无所不包。一些期刊和学术团体也会定期发布即将召开的会议列表。

将文章投稿给会议要比投稿给期刊节省大量时间。通常，从发布征稿通知到召开会议很少超过一年，甚至可能只需要几个月的时间。向会议投稿的过程与向期刊投稿的过程有很大不同。一些会议甚至仅要求学生提交文章的简短摘要，然后出席会议，并使用不超过半个小时的时间向与会者报告其研究成果。更多历史悠久的会议则可能要求学生提交文章全文，并且安排有类似期刊一样的正式检查或者评审程序，最终还会安排文章在会议论文集中出版。这些会议论文集既可以是印刷装订后的纸制书籍，也可以是光盘，甚至还可以是提供在线访问的电子文件。

会议具有的另外一个重要特征是能够将与会者聚集起来，帮助他们进行见面地非正式交流和讨论。对于任何一个立志从事学术研究的学生来说，除非有特殊原因，否则，参加学术会议就是其实现上述目的必须参加的活动。然而，在决定是否将文章投稿到学术会议之前，学生还必须面对为参加会议支付版面费和参会费的抉择。

15.3.3 计划下一步活动

尽管有些学生可能早在研究完成之前就已经开始了计划，但是，现在才是真正开始行动的时刻。需要计划的活动可能包括：更新简历、寻找工作、寻求未来研究的机会和资金支持、根据研究成果开发商业产品，以及为研究成果申请专利和奖励等。

15.4 小结

研究的意义是指研究在理论和实践方面都具有一定的重要性。研究的普适性是指他人可以了解和复制研究结果，或将结果应用在其研究中。研究的可靠性是指其他学生可以复制最初的研究结果。研究的有效性是指：如果使用的研究方法适合所研究的问题，那么，研究结果很可能是有效的；相反，如果使用了完全不适合的研究方法，那么，研究结果很可能是无效的。研究的局限性是指研究结果总会存在不足之处，应在研究结束之前指出它们。做得更好就是要解决现有问题。学生永远不可能到达没有值得研究和调查的境地，总有新的研究主题在等待着学生。

研究后的生活首先应该是兴高采烈，庆祝一下并给自己放个假。然后，重新回归正常生活，抽出更多时间顾及家人和朋友。最后，做所有被推迟的事，让梦想成为现实。

通常，学生都会被鼓励发表期刊文章。但是，不应该低估将学位论文转换为期刊文章的困难，包括时间和动力问题以及了解期刊接受文章的最低标准。应在研究开始时就考虑发表期刊文章的可能性。在准备期刊文章时，应首先了解期刊编辑对于文章的质量要求，包括：避免出版非原创性的、纯描述性的，或者其他人不太感兴趣的文章；顶级期刊编辑选择文章的标准要比其他期刊高；特别关注投稿时使用的文章格式。其次，了解文章的发表过程：首先被送到评阅人手里接受评审，如果没有被直接拒绝，评阅人意见和修改建议将被返回，然后安排出版。无论如何，发表期刊文章都需要一定的时间。将文章投稿给会议将比投稿给期刊节省大量时间。从发布征稿通知到召开会议很少超过一年，甚至只需要几个月。一些会议仅要求提交摘要，使用不超过半小时的时间向与会者报告研究成果。历史悠久的会议则要求提交全文，安排类似期刊的评审，并在会议论文集中出版全文。出版的会议论文集可以是纸制书籍，光盘或者在线文件。会议具有的另外一个重要特征是可以帮助与会者面对面地进行交流和讨论。尽管学生可能早在研究完成之前就已经开始计划下一步活动，但是，现在才是真正开始行动的时刻。需要计划的活动可能包括：更新简历、寻找工作、寻求未来研究的机会和资金支持、根据研究成果开发商业产品，以及为研究成果申请专利和奖励等。

15.5　习题

（1）简述“研究反思”的内容。
（2）简述研究后的生活。
（3）简述将学位论文转换为期刊文章的困难及解决办法。
（4）如何准备期刊文章？
（5）简述参加会议的特点。
（6）下一步需要计划哪些活动？
（7）根据本章叙述，计划自己研究完成之后的生活。

附录 1　研究申请例文

基于MEASUR和RUP的信息系统业务建模方法研究

一、结合国内外研究现状说明本项目的研究意义

随着信息系统的日渐普及，它已不再是崇尚技术的计算机爱好者展示才能的“小发明”，而已经成为人们每天工作中帮助提升业务价值必不可少的工具。为了更好地实现上述目标，进行业务建模，深刻理解信息系统应用的业务环境也就成为信息系统开发的首要工作。当然，业务建模同样离不开科学的理论方法指导。

20 世纪 60 年代，在现代符号学理论的影响下，Stamper 提出了组织背景下针对信息系统建模，特别是业务建模的组织符号学（OS：Organizational Semiotics）理论，其中的“符号学框架”将符号学研究自顶向下分为社会、语用、语义、语法、经验，以及物理六个层次。顶部的三个层次涉及符号的使用，分别研究应用符号带来的社会效果（社会层），符号在目的表达中的作用（语用层），以及符号在含义传递中的作用（语义层）[1]。之后，他又主持完成了名为“抽取、分析及说明用户需求的方法（MEASUR：Methods for Eliciting, Analyzing and Specifying User's Requirements）”的项目。作为 Stamper 的学生及 MEASUR 项目的主要参与者，刘科成对 MEASUR 中规范分析方法（NAM：Norm Analysis Method）和语义分析方法（SAM：Semantic Analysis Method）的提出和完善做出了重要贡献，并在[1]中对 OS 理论及 MEASUR 方法进行了系统阐述，为信息系统开发，特别是开发过程中的业务建模提供了理论和方法。但是，MEASUR 中的 NAM 解决的是社会层中应用符号带来的社会效果问题，SAM 解决的是语义层中符号在含义传递中的作用问题，它们都不能被用来解决语用层中符号在目的表达中的作用，而 MEASUR 中也再没有提供其他方法用于解决这个问题[2][3]。

20 世纪末，Rational 公司集多年信息系统开发的成功经验，提出了 Rational 统一过程（RUP：Rational Unified Process）[4]，其中的业务建模方法由于采用面向对象思想，基于统一建模语言（UML：Unified Modeling Language）标准[5]，得到了信息系统开发人员的青睐，成为当前信息系统业务建模领域的一种主流方法。应用该方法进行的信息系统业务建模主要包括三项活动，即：建立业务用况图表达业务目标；建立 UML 活动图表达实现业务目标的活动顺序；建立业务对象图（一种 UML 类图）表达参与实现业务目标的业务工作者使用业务实体[4]。但是，一方面，由于主要来自经验总结，缺乏足够的理论支撑，即便是 Rational 白

皮书[6]也只是将其称之为“最佳实践”，理论界及其使用者一直对其合理性心存疑虑。另一方面，基于符号学框架和 MEASUR 的研究表明：在社会层，应用 RUP 业务建模方法仅能识别“确定性”和“形式化”的业务规则，实际业务中存在的“非确定性”和“非形式化”的业务规则通常会被忽略[7]。另外，在语义层，UML 类图无法表达存在图（OC：Ontology Chart）中包含有重要业务知识的存在依赖（OD：Ontological Dependence），在使用 RUP 业务建模方法时，存在依赖通常也会被忽略[7][8]。

针对 RUP 业务建模方法存在的上述不足，一些学者提出了将 MEASUR 与面向对象（包括 RUP）业务建模方法相结合的思想，并进行了有益探索。在[1]中，刘科成提出了将使用 SAM 得到的 OC 转换为面向对象模型的三条基本原则。在[9]中，刘科成等提出了使用 NAM 扩展面向对象信息工程（OOIE：Object Oriented Information Engineering）中工作流建模的方法，以处理业务流程中的规则和例外。在[7]中，Zhiwu Xie 等提出：OC 中的 OD 可以转换为类之间的继承关系和嵌套类；分析 OC 中智能体（Agent）操作业务词汇（Business Term）的潜在行为（Affordance），并在 UML 活动图中记录控制潜在行为执行的规范（Norm）。在[10]中，Rodrigo 等继续了[7]的工作，提出了一个包括四个步骤、共十三条规则的、用于将 OC 转换为 UML 类图的详细过程。在[8]中，为了将在 OC 中捕获的语义规范形式（Semantic Normal Form）特性传递给后续开发的软件，Yasser 等提出了一套将 OC 中的核心概念转换为使用对象约束语言（Object Constraint Language）进行补充说明的 UML 类图的规则。

近年来，OS 理论及 MEASUR 方法开始在国内受到一些学者的关注，出现了一些介绍、综述，以及应用性质的文章，主要包括[2][3][11][12][13][14]。但是，截至目前，还没有见到基于符号学框架、将 MEASUR 与 RUP 业务建模方法相结合的研究。

综上所述，在信息系统业务建模领域，MEASUR 与 RUP 业务建模方法各具优势，同时又都存在明显不足，将两者有机结合，相互取长补短是学科发展的正确方向和必然趋势。但是，首先，现有研究集中在将 OC 转换为 UML 类图的具体方法上，就目前情况，还没有提出能够实现两者间语义完全等价的转换方法。其次，虽然在[9]中提出了使用 NAM 扩展 OOIE 中工作流建模的具体方法，但是，OOIE 中的工作流建模使用的不是 UML 标准。再次，尽管在[7]中指出，可以基于 UML 活动图记录规范，但是，研究中仅给出了与 UML 活动图中“分支”相联系的规范记录方法。最后，由于缺少基于符号学框架的业务用况图和 UML 活动图分析，其在目的表达方面的作用也就缺少了理论依据。

针对现有研究在 MEASUR 和 RUP 业务建模方法相结合方面存在的上述四点不足，本课题拟通过文献研究、分类、比较研究、综合研究，以及案例研究，首先提出基于符号学框架社会层、语用层和语义层的 MEASUR 和 RUP 业务建模方法间的内在联系。然后，提出结合 MEASUR 和 RUP 业务建模方法的、新的信息系统业务建模方法的框架。最后，提出基于 UML 活动图记录规范的具体方法。在克服现有研究不足的基础上，更好地实现 MEASUR 和 RUP 业务建模方法的有机结合，最终得到一种基于坚实理论基础、结合双方优势，又能够指导实践的、新的信息系统业务建模方法。研究具有重要的理论和现实意义。

参考文献

[1] Kecheng Liu. Semiotics in Information Systems Engineering. Cambridge: Cambridge University Press, 2000.

[2] 赵军，甘仞初. 基于组织符号学的组织建模综述. 情报杂志，2006.9.

[3] 吴菊华，甘仞初. 符号学在信息系统开发中的应用研究综述. 科技进步与对策，2005（7）.

[4] Philippe Kruchten. The Rational Unified Process: An introduction, second version. Addison Wesley, 2000.

[5] Grady Booch, James Rumbaugh, Ivar Jacobson. The Unified Modeling Language User Guide. Addison Wesley, 1998.

[6] Rational. Rational Unified Process: Best Practices for Software Development Teams. Rational Software White Paper, 2001.

[7] Zhiwu Xie, Kecheng Liu, and David Emmitt. Improving Business Modelling with Organisational Semiotics, In H.W.M. Gazendam, R. J. Jorna, R. S. Cijsonw (eds.) Dynamics and Change in Organizations - Studies in Organizational Semiotics, Kluwer Academic Publishers, 2003：85～102.

[8] Yasser Ades, Iman Poernomo, George Tsaramirsis. Mapping Ontology Charts to UML: an SNF Preserving Transformation. Proceedings of the 10th International Conference on Organisational Semiotics, 2007.

[9] Kecheng Liu, Tina Ong. A Modelling Approach for Handling Business Rules and Exceptions. The Computer journal, Vol. 42, No. 3, 1999：221～231.

[10] Rodrigo Bonacin, M Cecilia C. Baranauskas, Kicheng Liu. From Ontology Charts to Class Diagrams: Semantic Analysis Aiding Systems Design. Proceedings of the 6th International Conference on Enterprise Information Systems, 2004.

[11] 曹聪梅，甘仞初，吴菊华，刘科成. 基于组织符号学的组织建模研究. 第 8 届全国青年管理科学与系统科学学术会议论文集，2005.

[12] 甘仞初，谢莹，曹炳文. 需求驱动的自适应体系结构的知识体系研究. 中国管理科学，2006（10）.

[13] Yunchuang Zhang, Kecheng Liu. A Bolometric Study on Organizational Semiotics Literatures. Proceedings of the 11th International Conference on Informatics and Semiotics in Organizations, 2009（4）：33～39.

[14] Aimin Luo, Kecheng Liu. Using Organizational Semiotics Methods for Information Systems Architecture Design. Proceedings of the 11th International Conference on Informatics and Semiotics in Organizations, 2009（4）：10～17.

二、主要研究内容、研究方法、技术路线及创新点

研究内容：

（1）研究 MEASUR 和 RUP 业务建模方法间的内在联系。

根据符号学框架社会层、语用层和语义层的具体含义和内容，对 MEASUR 和 RUP 业务建模方法中不同步骤（也称为子方法或者活动）的具体任务和结果等进行深入分析并分类，研究 MEASUR 和 RUP 业务建模方法间的内在联系。

（2）研究结合 MEASUR 和 RUP 业务建模方法的，新的信息系统业务建模方法的框架。

基于上述对 MEASUR 和 RUP 业务建模方法间内在联系的研究结果，对应符号学框架的社会层、语用层和语义层，研究分别从 MEASUR 和 RUP 业务建模方法的不同步骤中选择更具优势的步骤，并进行重新组合，形成结合 MEASUR 和 RUP 业务建模方法的，新的信息系统业务建模方法的框架。

（3）研究基于 UML 活动图记录规范的具体方法。

针对现有研究[7]和[9]中存在的不足，在符号学框架的社会层研究基于 UML 活动图记录规范的具体方法。

研究方法和技术：

（1）文献研究。

搜集、筛选和阅读与课题研究密切相关的，介绍符号学框架、MEASURE，以及 RUP 业务建模方法的各种文献，围绕上述课题研究内容系统深入地掌握有关理论和方法。

（2）分类。

在文献研究的基础上，将 MEASUR 和 RUP 业务建模方法中的不同步骤按照符号学框架的社会层、语用层和语义层进行分类。

（3）比较研究。

根据分类研究的结果，对应符号学框架的社会层、语用层和语义层，分别将处在同一层的 MEASUR 步骤与 RUP 业务建模方法步骤进行比较，包括具体任务和结果等，明确不同步骤的优缺点。将[9]中基于工作流模型记录规范的方法与[7]中基于活动图记录规范的方法进行比较，为提出基于 UML 活动图记录规范的具体方法做准备。

（4）综合研究。

根据比较研究的结果，首先，对应符号学框架的社会层、语用层和语义层，分别从 MEASUR 和 RUP 业务建模方法的不同步骤中选择更具优势的步骤，并进行重新组合，形成结合 MEASUR 和 RUP 业务建模方法的，新的信息系统业务建模方法的框架。其次，结合[9]中记录规范的方法以及[7]中基于活动图的方法，提出基于 UML 活动图记录规范的具体方法。

（5）案例研究。

根据综合研究的结果，以[9]中的“设备服务公司”的实际应用为例，提出基于 MEASUR 和 RUP 的信息系统业务建模方法。

技术路线：

（1）文献研究中的技术路线。

通过从书店购买和从图书馆借阅的方式获得介绍符号学框架和 MEASUR 的书籍。通过查阅图书馆电子数据库以及互联网的方式获得研究符号学框架和 MEASUR 的学术文章和研究报告。通过访问 IBM 官方网站获得最新版本的 RUP 产品说明书。

（2）分类、比较和综合研究中的技术路线。

利用 Microsoft Word 表格帮助进行 MEASUR 和 RUP 业务建模方法中不同步骤的分类、比较和综合。同样利用 Microsoft Word 表格进行[9]中基于工作流模型记录规范的方法与[7]中基于活动图记录规范的方法的比较和综合。Microsoft Word 可以通过安装购买的正版 Microsoft Office 套件获得。通过访问对象管理组织（OMG：Object Management Group）的官方网站可以获得最新版本的 UML 说明书。

（3）案例研究中的技术路线。

利用 UML 建模软件 Rational Software Architecture 完成对案例在社会层和语用层的建模，Rational Software Architecture 的测试版可以通过访问 IBM 官方网站获得。利用画图软件 Microsoft Office Visio 完成对案例在语义层的建模，Microsoft Office Visio 同样可以通过安装购买的正版 Microsoft Office 套件获得。

创新点：

（1）提出基于符号学框架社会层，语用层和语义层的 MEASUR 和 RUP 业务建模方法间的内在联系；

（2）提出结合 MEASUR 和 RUP 业务建模方法的、新的信息系统业务建模方法的框架；

（3）提出基于 UML 活动图记录规范的具体方法。

三、研究成果达到的预期目标

预期研究成果：

（1）一份课题研究报告；

（2）至少一篇 CSSCI 检索论文或在国家自然科学基金委管理学部规定的 20 种管理杂志上至少发表一篇学术论文。

主要技术指标：

（1）MEASUR 和 RUP 业务建模方法间的内在联系研究方面。

分别在符号学框架的社会层，语用层和语义层给出对 MEASUR 和 RUP 业务建模方法中不同步骤具体任务和结果等的分析和分类结果，阐明 MEASUR 和 RUP 业务建模方法间的内在联系。

（2）结合 MEASUR 和 RUP 业务建模方法的、新的信息系统业务建模方法的框架研究方面。

对应符号学框架的社会层、语用层和语义层，分别给出对 MEASUR 和 RUP 业务建模方法中相应步骤的比较结果。根据比较结果，明确提出由 MEASUR 和 RUP 业务建模方法中更具优势的步骤组合形成的、新的信息系统业务建模方法的框架。

（3）基于 UML 活动图记录规范的具体方法研究方面。

针对现有研究[7]和[9]中存在的不足，在符号学框架的社会层明确提出基于 UML 活动图记录规范的具体方法。该方法既要基于 UML 标准，同时，又要保证所记录规范的全面和准确。

四、详细进度安排

ID	任务名称	开始时间	完成	持续时间
1	文献的搜集、筛选和阅读	2008-9-1	2008-10-31	45d
2	完成研究内容（1）	2008-11-3	2008-12-31	43d
3	完成研究内容（2）	2009-1-1	2009-3-31	64d
4	完成研究内容（3）	2009-4-1	2009-4-30	22d
5	建模方法的实际应用	2009-5-1	2009-5-29	21d
6	撰写学术论文并投稿	2009-6-1	2009-7-31	45d
7	撰写课题研究报告	2009-8-3	2009-8-31	21d

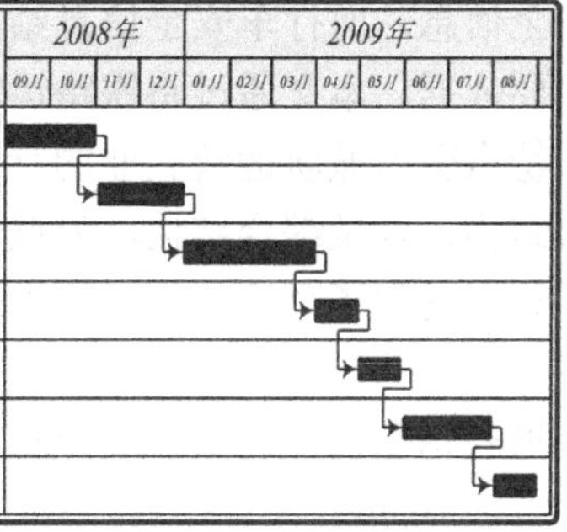

附录 2 研究报告例文

城轨运营企业行车安全信息结构研究

杜晖，黄磊

北京交通大学经济管理学院信息管理系

摘要：对于城轨运营企业而言，保障行车安全的关键是行车安全管理。行车安全管理需要利用行车安全信息，而行车安全信息结构则是用以确定行车安全信息范围，识别具体行车安全信息的主要依据。本文通过将铁路运输安全保障系统的结构与内容，以及企业管理信息的层次结构和特点引入城轨运营企业的行车安全信息结构研究中，提出了行车安全信息的内容结构、层次结构、以及综合结构，为城轨运营企业行车安全信息范围的确定，以及具体行车安全信息的识别提供了理论依据。研究成果被成功应用于对地铁运营有限公司 O 行车安全信息的分析中。

关键词：城轨运营企业　行车安全信息　安全信息结构

1. 引言

安全系统工程的事故致因理论认为：人、设备、环境和管理是造成系统事故的四个主要因素。其中，管理虽然是间接因素，但却是其他三个直接因素得以存在的条件[1]。因此，安全管理是保障系统安全的关键。

安全管理是指管理者通过计划、组织、领导、协调和控制活动，综合利用人、财、物和信息资源，实现系统安全目标的过程[2]。可见，安全管理需要利用安全信息。

安全信息是指在安全管理过程中收集、加工、存储、以及输出的所有信息的总称[3]。在安全管理中，确定安全信息范围，识别具体安全信息是利用安全信息的前提，而安全信息结构则是用以确定安全信息范围，识别具体安全信息的主要依据。

综上所述，对于城轨运营企业而言，保障行车安全的关键是行车安全管理。行车安全管理需要利用行车安全信息，而行车安全信息结构则是用以确定行车安全信息范围，识别具体行车安全信息的主要依据。

到目前为止，还没有见到专门针对城轨运营企业行车安全信息结构进行研究的文献。文献[4]在阐述地铁行车安全保障系统的结构时，给出了系统包含的七类安全信息，包括环境监测与报警信息，列车监测与诊断信息等。文献[5]在阐述城市轨道交通行车安全保障体系安全信息监测模块的子系统功能时，给出了模块包含的七类安全信息，包括列车运行状态参数信息、牵引动力设备实时运行信息等。但是，由于两项研究都没有涉及行车安全的组织管理、法制管理、信息管理、技术管理、教育管理，以及资金管理方面的信息；都没有按企业管理信息的层次结构和特点对所涉及的信息划分层次，因此，都不足以为城轨运营企业行车安全信息的范围确定，以及具体行车安全信息的识别提供理论依据。

针对现有研究存在的上述不足，本文通过将铁路运输安全保障系统的结构与内容，以及企业管理信息的层次结构和特点引入城轨运营企业的行车安全信息结构研究中，提出了行车安全信息的内容结构、层次结构、以及综合结构，为城轨运营企业行车安全信息范围的确定，以及具体行车安全信息的识别提供了理论依据。研究成果被成功应用于对地铁运营有限公司 O 行车安全信息的分析中。

本文结构如下：第二部分对铁路运输安全保障系统的结构与内容，以及企业管理信息的层次结构和特点进行了概要介绍；第三部分详细介绍了提出的城轨运营企业行车安全信息的内容结构、层次结构、以及综合结构；第四部分概要介绍了信息结构在对地铁运营有限公司 O 行车安全信息分析中的应用；第五部分总结了全文，指出了下一步研究工作。

2. 理论概述

2.1　铁路运输安全保障系统的结构与内容[6]

铁路运输安全保障系统是指配置在运输系统上，起保障运输安全的所有方法和手段的综合。作为一种管理系统，它以直接影响运输安全的人、设备和环境为管理对象，分为安全总体管理子系统和安全对象管理子系统两个层次，其系统结构如图 1 所示。

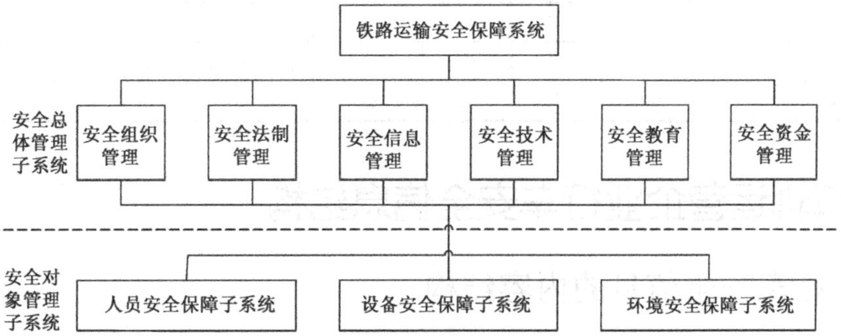

图1　铁路运输安全保障系统结构

安全总体管理子系统是对人、设备和环境系统总体的安全管理。其中，安全组织管理包括制定安全管理方针、政策和目标，分配责任和权限，组织实施安全管理规划，提供决策沟通和协调配合，安全检查及整改，分析处理事故。安全法制管理包括完善运输安全法规，建立健全规章制度，完善安全标准体系，监督与考核规章制度、作业标准的执行。安全信息管理包括处理安全信息，提供安全分析工具、评价方法与决策支持，追踪先进安全科技与管理信息。安全技术管理包括安全分析、评价和管理方法的研究与应用，事故管理方法的研究与应用，安全作业方法、工艺过程的研究与应用，制定与完善安全技术规范的方法的研究与应用。安全教育管理包括完善各级安全教育体系，建立健全促进安全行为的奖惩制度。安全资金管理包括对保障运输安全所需资金的筹集、调拨、使用、结算和分配。

安全对象管理子系统是单独针对人员、设备和环境的安全管理。其中，人员安全保障子系统包括提高人员安全素质，加强人员安全管理。设备安全保障子系统包括设备安全设计，设备的保养、检修和更换，设备状态及工作情况的检测和监控管理，设备的故障安全对策。环境安全保障子系统包括作业环境安全保障，内部社会环境安全保障，自然环境安全保障，外部社会环境安全保障。

2.2 企业管理信息的层次结构和特点[7]

企业的管理活动都具有层次结构，一般分为战略层、战术层和运作层。战略层管理活动主要考虑企业长期的、全局的目标。战术层管理活动主要考虑企业中期的、局部的目标。运作层管理活动主要考虑企业短期的、具体的目标。

不同层次管理活动的差异造成它们所需要的信息各具特点。根据上述对企业管理活动层次结构的介绍，可以将企业的管理信息也划分为相应的三个层次：战略层、战术层和运作层，分别对应三类不同的信息：战略信息、战术信息和运作信息，三类信息的特点如表1所示。

表1 不同层次企业管理信息的特点

	目标	时间范围	管理级别	信息内容	信息容量	信息综合性	信息来源	信息准确性	环境稳定性	决策风险性
战略信息	资源获取	长期	高层	广	小	高	外部为主	低	低	大
战术信息	资源利用	中期	中层	中	中	中	内部、外部	中	中	中
运作信息	实施	短期	基层	窄	大	低	内部为主	高	高	小

3. 城轨运营企业行车安全信息结构

3.1 行车安全信息的内容结构

由于城轨交通系统与铁路运输系统在行车安全管理方面具有很大的相似性，因此，参考2.1节铁路运输安全保障系统的结构与内容，从内容涉及的信息角度进行分析，就可以得到如图 2 所示的城轨运营企业行车安全信息的内容结构，及其相应的信息内容。

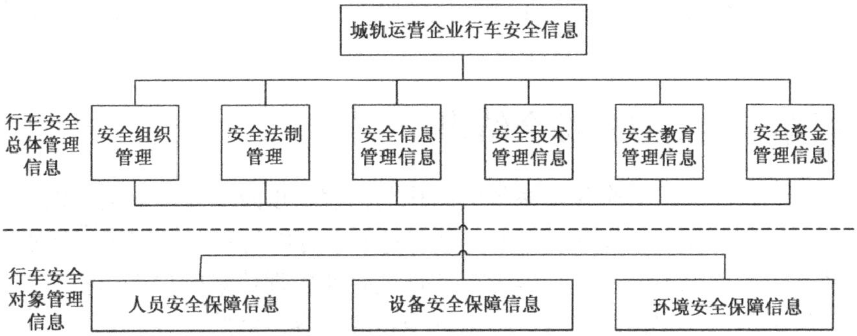

图2 城轨运营企业行业安全信息的内容结构

行车安全总体管理信息是对人、设备和环境系统总体进行安全管理所涉及的信息。其中，安全组织管理信息包括制定安全管理方针、政策和目标的信息，分配责任和权限的信息，组织实施安全管理规划的信息，提供决策沟通和协调配合的信息，安全检查及整改信息，分析处理事故的信息。安全法制管理信息包括完善安全法规的信息，建立健全规章制度的信息，完善安全标准体系的信息，监督与考核规章制度、作业标准执行的信息。安全信息管理信息包括处理安全信息的信息，提供安全分析工具、评价方法与决策支持的信息，追踪先进安全科技与管理信息的信息。安全技术管理信息包括安全分析、评价和管理方法的研究与应用信息，事故管理方法的研究与应用信息，安全作业方法、工艺过程的研究与应用信息，制定与完善安全技术规范的方法的研究与应用信息。安全教育管理信息包括完善安全教育体系的信息；建立健全促进安全行为奖惩制度的信息。安全资金管理信息包括保障安全所需资金的筹集、调拨、使用、结算、分配的信息。

行车安全对象管理信息是单独针对人员、设备和环境进行安全管理所涉及的信息。其中，人员安全保障信息包括提高人员安全素质的信息，加强人员安全管理的信息。设备安全保障信息包括设备安全设计信息，设备的保养、检修和更换信息，设备状态及工作情况的检测和监控管理信息，设备的故障安全对策信息。环境安全保障信息包括作业环境安全保障信息，内部社会环境安全保障信息，自然环境安全保障信息，外部社会环境安全保障信息。

3.2 行车安全信息的层次结构

根据 2.2 节对企业管理信息层次结构和特点的介绍，作为企业的一种管理活动，城轨运营企业的行车安全管理也应具有相同的层次结构。其中，战略层行车安全管理活动主要考虑企业行车安全长期的、全局的目标，战术层行车安全管理活动主要考虑企业行车安全中期的、局部的目标，运作层行车安全管理活动主要考虑企业行车安全短期的、具体的目标。

城轨运营企业的行车安全管理信息也可以进一步被划分为三个层次：战略层、战术层和运作层，分别对应三类信息：行车安全管理战略信息、行车安全管理战术信息，以及行车安全管理运作信息，它们分别具有与表 1 中给出的战略信息、战术信息，以及运作信息相同的特点。

3.3 行车安全信息的综合结构

综上所述，从铁路运输安全保障系统的结构与内容，以及企业管理信息的层次和特点进行分析，可以分别得到城轨运营企业行车安全信息的内容结构和层次结构。但是，应该看到：内容结构虽然反映的信息内容全面，但却不能体现企业管理信息的层次和特点；层次结构虽然体现了企业管理信息的层次和特点，但却缺少相应内容。因此，有必要将上述两种结构进行合并，从而形成如表 2 所示的综合结构，这样，既能全面反映行车安全信息的内容，同时，又能体现企业管理信息的层次和特点。

表 2　城轨运营企业行车安全信息的综合结构

	行车安全总体管理信息	行车安全对象管理信息
行车安全管理战略信息	行车安全总体管理战略信息	行车安全对象管理战略信息
行车安全管理战术信息	行车安全总体管理战术信息	行车安全对象管理战术信息
行车安全管理运作信息	行车安全总体管理运作信息	行车安全对象管理运作信息

城轨运营企业行车安全信息的综合结构包括两个维度，横向包括内容结构中的两类信息：行车安全总体管理信息和行车安全对象管理信息；纵向包括层次结构中的三类信息：行车安全管理战略信息、行车安全管理战术信息，以及行车安全管理运作信息。横向和纵向的交汇点则代表了分别具有横向信息内容和纵向信息特点的六类行车安全信息。例如：行车安全总体管理战略信息就同时具有行车安全总体管理信息的内容和行车安全管理战略信息的特点；行车安全对象管理战术信息则具有行车安全对象管理信息的内容和行车安全战术管理信息的特点；而行车安全总体管理运作信息虽然也具有行车安全总体管理信息的内容，但却具有行车安全管理运作信息的特点。

4. 应用概述

地铁运营有限公司 O 是城市 A 现有城轨交通线路的运营单位。为了加强行车安全管理，建立行车安全保障信息系统，公司还需对行车安全信息进行分析，任务包括：确定行车安全信息范围；识别具体行车安全信息；确定具体行车安全信息的来源、去向、更新频度、采集方法以及存储策略。

作为具体的城轨运营企业，公司的行车安全信息当然也应具有表 2 所示的综合结构，而综合结构则从内容和管理信息层次两个角度确定了公司的行车安全信息范围。

为了识别具体行车安全信息，以 3.1 节给出的内容结构，以及 3.2 节给出的层次结构为依据，首先，有针对性地选择部分总公司领导（战略层）、九个部室（战术层）、七个分公司、一个调度所和 AFC 调度中心（运作层）作为走访调研对象（组织结构如图 3 所示）。其次，在走访调研过程中，以 3.1 节内容结构中给出的信息内容，以及 3.2 节层次结构中给出的信息特点为依据，通过绘制信息流图，识别出具体行车安全信息。表 3 给出了识别出的部分具体行车安全总体管理战略信息、行车安全对象管理战术信息，以及行车安全对象管理运作信息。其他具体行车安全信息，以及所有具体行车安全信息的来源、去向、更新频度、采集方法以及存储策略参见文献。

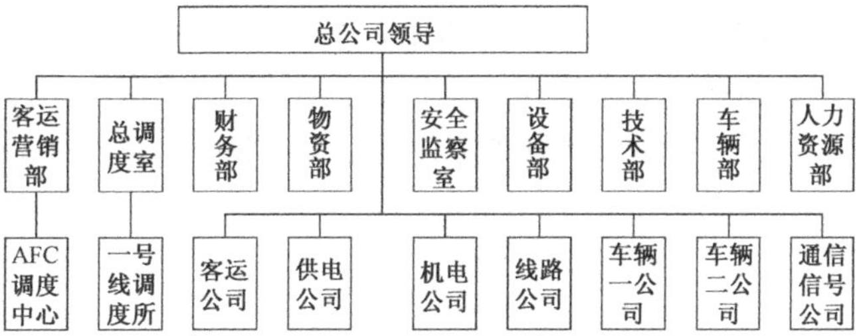

图3 走访调研对象的组织结构

表 3 识别出的部分具体行车安全信息

行车安全总体管理战略信息	安全运营生产情况通报（每月），安全生产规章制度，安全管理信息系统规划，安全科研项目管理汇总（每年），安全奖惩制度，固定资产更新改造计划（每年），……
行车安全对象管理战术信息	安全宣传教育活动情况统计（每周），人员工资、工种情况（每月），车辆动态、设备故障情况、施工完成情况、线路检查情况、送停电情况、客运量情况（每日），……
行车安全对象管理运作信息	供电系统设备实时运行状态，列车实时运行状态，AFC 设备实时运行状态，列车自动防护实时信息，消防设施实时状态，机电设备实时状态，火灾灾情，车站环境，……

5. 结论

针对现有城轨运营企业行车安全信息结构相关研究中存在的内容不全面，缺少管理层次的不足，本文通过将铁路运输安全保障系统的结构与内容，以及企业管理信息的层次结构和特点引入城轨运营企业的行车安全信息结构研究中，提出了行车安全信息的内容结构、层次结构，以及综合结构，为城轨运营企业行车安全信息范围的确定，以及具体行车安全信息的识别提供了理论依据。研究成果被成功应用于对地铁运营有限公司 O 行车安全信息的分析中。

基于本文提出的行车安全信息结构，为城轨运营企业设计合理的行车安全保障信息系统体系结构将是下一步需要开展的工作。

参考文献：

[1] 林柏泉，周延，刘贞堂. 安全系统工程[M]. 北京：中国矿业大学出版社，2005。
[2] 徐德蜀. 安全科学与工程导论[M]. 北京：化学工业出版社，2004。
[3] 崔政斌，邱成，徐德蜀. 企业安全管理新编[M]. 北京：化学工业出版社，2004.
[4] 崔艳萍，唐祯敏，武旭. 地铁行车安全保障系统的研究[J]. 都市快轨交通，2004.3.
[5] 张殿业，李相勇，蒋葛夫. 城市轨道交通行车安全保障体系研究[J]. 焦桐善主编，城市轨道交通首届中青年专家论坛论文集[M]. 北京：兵器工业出版社，2002.
[6] 赵吉山，肖贵平. 铁路运输安全管理[M]. 北京：中国铁道出版社，1999.
[7] 甘仞初，颜志军，杜晖，龙虹. 信息系统分析与设计[M]. 北京：高等教育出版社，2003.

参考文献

[1] Oliver P.(1998) *Teach Yourself Research: for Business Marketing and Education*, Ntc Publishing Group, ISBN 0-8442-0015-8

[2] Rummel J.F.(1963) *Research Methodology in Business*, Harper and Row.

[3] Sharp J.A. & Howard K.2002 *The Management of A Student Research Project*, 3rd ed., Gower Pub Co., ISBN 0-566-08490-2

[4] Dawson C.W.(2000) *The Essence of Computing Projects: A Student's Guide*, Prentice Hall, ISBN 0-13-021972-X

[5] Cornford T. & Smithson S.(2006) *Project Research in Information Systems: A Student's Guide*, 2nd ed., Palgrave MacMillan, New York, ISBN 1-4039-3471-1

[6] Grix J.(2004) *The Foundations of Research*, Palgrave MacMillan, ISBN 1-4039-2145-8

[7] Allison B.(1996) *Research Skills for Students*, Routledge, ISBN 0-7494-1875-3

[8] Blaikie N.(2000) *Designing Social Research*, Polity, ISBN 0-7456-1767-0

[9] Mason J.(1996) *Qualitative Researching*, Sage Pub, ISBN 0-8039-8985-7

[10] Myers M.D. *Qualitative Research in Information Systems*, at http://www.qual.auckland.ac.nz/ [accessed 04/01/2010]

[11] Kling R. & Hirschheim R.(1989) Four Paradigms of Information Systems Development, *Communications of the ACM*, 32(10), 1199-1216

[12] Detmar W.S., Gefen D. & Boudreau M. *Quantitative, Positivist Research Methods in Information Systems*, at http://dstraub.cis.gsu.edu:88/quant/ [accessed 04/01/2010]

[13] Bell J.(1993) *Doing Your Research Project: A Guide for First-Time Researchers in Education and Social Science*, 2nd ed., Open University Press, ISBN 0-3351-9094-4

[14] Wisker G.(2007) *Postgraduate Research Handbook: Succeed with your MA, MPhil, EdD and PhD*, Palgrave MacMillan, ISBN 0-2305-2130-4

[15] Hirschheim R., Klein H.K. & Lyytinen K.(2008) *Information Systems Development and Data Modeling: Conceptual and Philosophical Foundations*, Cambridge University Press, Cambridge, ISBN 0-5210-6335-3

[16] Liu K.(2000) *Semiotics in Information Systems Engineering*, Cambridge University Press, Cambridge, ISBN 0-5215-9335-2

[17] Liu K., Nakata K. & Fenley S.(2007), *Research Methodology Handouts for MSc Informatics*, Informatics Research Centre, University of Reading, Reading, UK.

[18] Peck J. & Coyle M.(2007) *Write It Right: A Handbook for Students*, Palgrave Macmillan,

ISBN 1-4039-9487-0

[19] Greetham B.(2001) *How to Write Better Essays*, Palgrave Macmillan, ISBN 0-3339-4715-0

[20] Langford D.(2002) *Business Computer Ethics,* Addison Wesley, ISBN 0-2013-4279-0

[21] McNamara C. *Complete Guide to Ethics Management: An Ethics Toolkit for Managers*, at http://www.managementhelp.org/ethics/ethxgde.htm [accessed 04/01/2010]

[22] Oliver P.(2003) *The Students' Guide to Research Ethics,* Open University Press, ISBN 0-3352-1087-2

[23] Office of Human Subjects Research(1979) *The Belmont Report: Ethical Principles and Guidelines for the Protection of Human Subjects of Research*, at http://ohsr.od.nih.gov/guidelines/belmont.html [accessed 04/01/2001]

[24] The Max Planck Society(2000) *Rules of Good Scientific Practice*, at http://www.mpg.de/pdf/rulesScientificPract.pdf [accessed 04/01/2001]

[25] Thomas A.B.(2006) *Research Concepts for Management Studies*, Rouledge, ISBN 0-4153-4192-2

[26] Seale C.(2004) *Researching Society and Culture*, 2nd ed., Sage Publications, ISBN 0-7619-4197-5

[27] Denzin N.K. & Lincoln Y.S.(1994) *Handbook of Qualitative Research,* Sage Publications, ISBN 0-8039-4679-1

[28] Galliers R.D.(1987). Choosing Appropriate Information Systems Research Methods, *Communications of the ACM*, 30(11), 901-902

[29] Popper K.R.(2002) *Conjectures and Refutations: The Growth of Scientific Knowledge*, Routledge, ISBN 0-4152-8594-1

[30] Kuhn T.S.(1970) *The Structure of Scientific Revolutions,* University of Chicago Press, ISBN 0-6080-9429-3

[31] Lakatos I., Worrall J. & Currie G.(1978) *The Methodology of Scientific Research Programmes: Volume 1: Philosophical Papers,* Cambridge University Press, Cambridge, ISBN 0-5212-1644-3

[32] Emden J.V. & Becker L.(2004) *Presentation Skills for Students*, Palgrave MacMillan, ISBN 1-4039-1346-3

[33] Oates B.J.(2006). *Researching Information Systems and Computing*, SAGE Publications, ISBN 1-4129-0223--1

[34] 李怀祖(2004). 研究方法论，第二版，西安交通大学出版社，西安,.ISBN 7-5605-1779-X

[35] 保罗 •D.利迪，珍妮 •埃利斯 •奥姆罗德(2005). 实用研究方法论:计划与设计，第七版，顾宝炎，牛冬梅，陈国沪等译，清华大学出版社，北京, ISBN 7-3021-0787-4